THE
TEA
BOOK

DK茶叶百科

THE TEA BOOK

［加］琳达·盖拉德　著

沈周高　张　群　李大祥　译

科学普及出版社
·北京·

Original Title: The Tea Book: Experience the World's Finest Teas
Copyright © Dorling Kindersley Limited, 2015
A Penguin Random House Company

著作权合同登记号：01-2022-5024
审图号：GS京（2022）0982号

图书在版编目（CIP）数据

DK茶叶百科 ／（加）琳达·盖拉德著；沈周高，张
群，李大祥译. -- 北京：科学普及出版社，2023.2（2024.1重印）
（悦享生活系列丛书）
书名原文：The Tea Book: Experience the World's Finest Teas
ISBN 978-7-110-10504-7

Ⅰ．①D… Ⅱ．①琳…②沈…③张…④李… Ⅲ．①
茶叶－基本知识 Ⅳ．①TS272.5

中国版本图书馆CIP数据核字（2022）第210352号

策划编辑　符晓静
责任编辑　白　珺
封面设计　红杉林文化
正文设计　金彩恒通
责任校对　吕传新
责任印制　徐　飞

科学普及出版社
http://www.cspbooks.com.cn
北京市海淀区中关村南大街16号
邮政编码：100081
电话：010-62173865　传真：010-62173081
中国科学技术出版社有限公司发行部发行
佛山市南海兴发印务实业有限公司印刷
开本：787mm×1092mm　1/16
印张：13.75　字数：210千字
2023年2月第1版　2024年1月第2次印刷
ISBN 978-7-110-10504-7/TS·143
定价：138.00元

混合产品
纸张 |
支持负责任林业
FSC® C018179

www.dk.com

目　录

编者注：本书目录与DK原版书保持一致，其中"茶饮配方"版块相当于一个索引列表，如绿茶的起止页码为第150~159页，下同。"茶文化专题"为单独列出的一个版块，与国内图书的传统目录有所不同，特此说明。

前　言

当人们得知我是一名茶艺师时，常常会问我两个问题：第一，何谓茶艺师？第二，我是如何爱上茶的？

我比较喜欢从第二个问题开始回答。或许有人觉得，我应该是因为某种机缘巧合才放弃了茶包，转而遵循"茶道自然"的。其实，事实并非如此。我是在逐步了解和认识散装茶的过程中，渐渐增加了对茶的偏爱，并通过学习、体验、产地问茶、师从行业大师，一步步完全浸润到了茶的世界里。

随着对风格各异的茶文化、品茗备器、沏茶品饮等传统知识的逐步了解，我逐渐认识到茶文化不同流派间的细微差别。虽然传统的饮茶礼仪和习俗仍备受推崇，但一些全新的现代饮茶方式也广受欢迎，如调饮茶、冷泡茶、拿铁茶等。我喜欢体验新的饮茶方式，有时也会尝试将不同文化的品饮方法融合在一起。

关于第一个问题，至今我还没有找到一个满意的答案。但作为一名茶艺师，希望在我回答了自己如何爱上茶的问题之后，人们更容易理解我的工作内涵。茶艺师所担负的艰巨任务就是让饮茶者明白：茶不是一个杯子和一个茶包的简单叠加。除了茶本体，茶还代表一个尚待探索的全新世界，与之密不可分的有传说、典故、游记、产业、文化和茶道等。

无论您是刚刚接触散茶，还是已经能够区分普洱茶和乌龙茶，我都希望这本书能为您打开通往广博迷人的茗茶世界的窗口。希望您能在本书中找到自己感兴趣的东西，也希望您会因此爱上茶，爱上饮茶带来的独特体验。

琳达·盖拉德

茶为何物

当代爱茶人

如今市场上供应的优质散茶和泡茶器具，比以往任何时候都要多。由此催生了新的茶文化，在这种文化背景下，当代爱茶人热衷于了解更多的茶叶专业知识，渴望全新的饮茶体验。

20世纪上半叶，全球各地消费的都是散装茶叶。随着人们生活节奏的改变，便利的重要性取代了风味和传统，袋泡茶应运而生，并因其方便快捷的特性，最终赢得了消费者的青睐。但如今，追求品质的爱茶人正在回归对散装茶的热情，他们不断提升自己的品茗技艺，同时学习了大量名优茶的相关知识。这些名优茶在餐厅和咖啡馆有售，他们自己在家中也能制作。

也许是想更多地了解全球茶文化知识，例如古老的茶道等，充满求知欲的消费者会通过互联网与茶农、茶商、茶艺师和茶界博主沟通交流，积累并分享世界各地茶的信息。

街市访茶

如今市场上供应的名优茶不再是紧俏商品，且品种也越来越多，这表明现代人对茶的热情已蔚然成风。走进任何一家超市，都能找到各种各样待售的散茶，以及盒装的茶包，设计巧妙，方便冲饮。茶包里盛放着各式名茶，如茉莉龙珠、中国绿茶和白毫银针。沿着商业街走不了多远，就能发现一处茶店，店里有产自世界各地的茶叶。以前只供应咖啡或普通红茶的咖啡馆，现在也腾出货架，摆放着特制散茶和最新款的茶具，同时配备了专业的店员来招揽顾客。酒店的菜单上出现了茶水单，一些茶吧推出了茶香鸡尾酒和美味茶食品。独特而充满异国情调的茶，正走进我们的日常生活。种种迹象表明，当代人对茶的热情还将继续高涨。

近年来，伴随着名优茶的不断涌现，催生了一批新一代的爱茶人：他们到访茶叶的原产国、探秘不同国家和地区的饮茶习俗、访茶农问茶情，把罕见的普洱茶和珍稀的名优绿茶带回国，并与茶友同好者一起分享。

茶香鸡尾酒
不只是茶和酒的简单混合，用适量的茶可以调制出口感层次更丰富的茶香风味鸡尾酒。

日本绿茶
日本绿茶以其细腻鲜甜的口感著称，如上图的茎茶。

冰茶 冰茶在北美已经
流行了一个多世纪。

新式茶饮茶食品

　　人类饮茶的历史可以追溯至数千年前。近年来，随着饮茶热的重新兴起，茶界也呈现出一派欣欣向荣的新气象。来自世界各地的名优茶、茶习俗、茶道正悄然而至，融入我们日常生活的点点滴滴。

万能抹茶

　　对于关注健康的饮茶人群，抹茶备受青睐。抹茶是用绿茶研磨而成的超微茶粉，含有咖啡因和抗氧化成分，早晨冲上一小杯，可以提神醒脑。此外，抹茶可以用来调制浓郁丝滑的抹茶拿铁或抹茶水果冷饮，还可以用来制作抹茶酥饼、抹茶马卡龙等烘焙食品。

调饮茶酒

　　调酒师发现，茶的风味多样，口感清新，可以用来调制鸡尾酒。如今，一些高档酒吧已经出现了用茶调制而成的马提尼酒，这种茶香鸡尾酒也可以在家中轻松制作。

拼配茶

　　如同调酒师调制茶香鸡尾酒，茶叶调饮师也在创新一种新式调饮茶——"甜品茶"（见第62～63页）。他们从甜点单中汲取灵感，把水果、巧克力和香料加入茶汤，拼配出新式美味茶饮。

发酵茶

　　康普茶，又名红茶菌，是一种发酵起泡茶，富含益生菌。在世界各地的商店里都能买到各种风味的瓶装康普茶；作为鸡尾酒的配料，它也出现在酒吧里。虽然瓶装的红茶菌很容易买到，但自己在家动手制作也别有一番乐趣（见第172页）。

美味茶食品

　　在一些高档餐厅里，茶叶正快速成为一种流行的烹饪原料。来到这里，不妨品尝一下马萨拉茶香司康饼、绿茶沙拉酱和正山小种茶风味肉酱。

名优茶在超市里占据着越来越多的货架空间

健康在杯中

茶因其保健功效一直受到人们的青睐。但大量新研究发现，茶对健康的益处远远超出人们早期的认知。自带"健康光环"的绿茶如今已风靡全球，一些非绿茶传统产区的国家和地区也开始生产绿茶，以满足全球消费者的需求，如印度和斯里兰卡。

瓶装茶饮

在许多商店、咖啡馆和街上的自动售货机上，都可以买到瓶装饮料，即买即饮，非常方便。瓶装饮料可能是纯茶制作的，也可能添加了水果、椰肉冻或其他成分。如今，这种饮料比以往任何时候都更受欢迎。

珍珠奶茶

缤纷可口的珍珠奶茶（见第 190 页）于 20 世纪 80 年代首次在中国台湾地区出现，之后便风靡全球。大号吸管、弹牙的木薯珍珠给消费者带来独特的愉悦体验。

冷泡茶

冷泡茶（见第 58 ~ 59 页），即以冷水来冲泡茶叶，比热水冲泡的茶汤口味更甘甜，咖啡因含量也更少，在茶界正日趋流行。从简单方便的冲泡器到精致的茶具，市场上有各式各样的器具供人们制作并享用冷泡茶。

茶树——改变世界的植物

世界各地的茶叶品类繁多，尽管它们的外观和风味千差万别，但它们都是由常绿植物——茶树 (Camellia sinensis) 的叶子制成的。

茶树

茶树主要有两种类型。一种是中国小叶种（Camellia sinensis var. sinensis），所产茶叶的风味从鲜爽到浓醇的栗香。小叶种茶树适宜生长在凉爽多云雾的气候条件下，如中国和日本的一些高海拔山区。如果自然生长，其高度可达 6 米。另一种是阿萨姆大叶种（Camellia sinensis var. assamica），主要生长在热带地区，如印度、斯里兰卡和肯尼亚等国。野生条件下的阿萨姆茶树可以长到 15 米高，叶片可长达 20 厘米，所产的茶叶风味多样，滋味从醇和到高爽醇醇。

栽培品种：品种特性

茶树的适应能力强，栽植后能完全适应新的生长环境。种茶人通常利用茶树的某种特质来选育新的茶树品种（系），即"栽培种"。这些品种（系）或风味独特，或抗旱能力强，或抗病虫害。

在人类干预和自然环境的影响之下，全球现有 500 多种茶树杂交品种。其中有些品种是专门为了生产某种特定茶类而培育的，如专门用于生产白毫银针的大白茶或日本最常见的栽培品种"薮北种"。

茶树栽培
上图为马来西亚卡梅伦高地的一座典型的梯田式茶园。茶园里种植的是中国小叶种茶树（右图），由于生长缓慢，与原产地相比，茶叶风味发生了细微的变化。

茶树结构

　　茶树是高产作物，每年最多可采摘 5 次。从春季的芽、成熟叶到嫩茎，每一部分都可以用来加工茶叶。

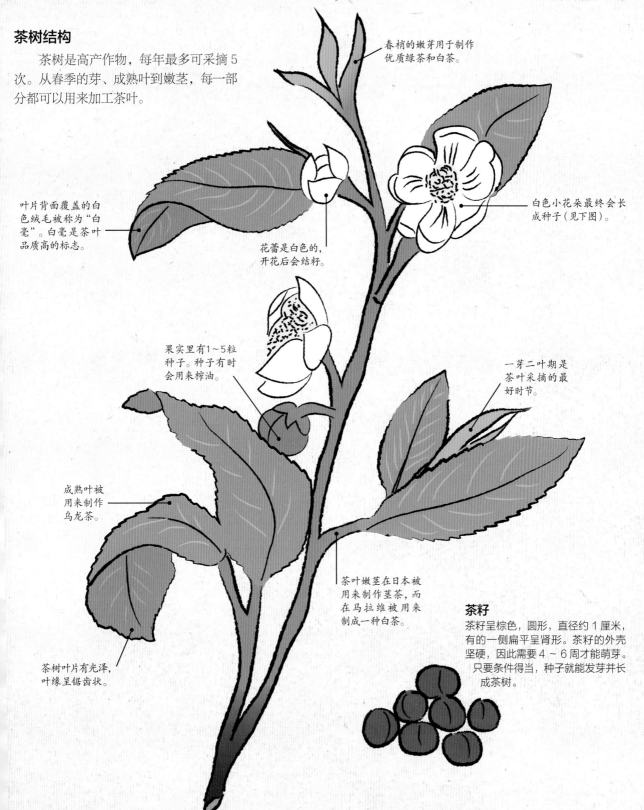

春梢的嫩芽用于制作优质绿茶和白茶。

白色小花朵最终会长成种子（见下图）。

叶片背面覆盖的白色绒毛被称为"白毫"。白毫是茶叶品质高的标志。

花蕾是白色的，开花后会结籽。

果实里有1~5粒种子。种子有时会用来榨油。

一芽二叶期是茶叶采摘的最好时节。

成熟叶被用来制作乌龙茶。

茶叶嫩茎在日本被用来制作茎茶，而在马拉维被用来制成一种白茶。

茶树叶片有光泽，叶缘呈锯齿状。

茶籽

　　茶籽呈棕色，圆形，直径约 1 厘米，有的一侧扁平呈肾形。茶籽的外壳坚硬，因此需要 4 ~ 6 周才能萌芽。只要条件得当，种子就能发芽并长成茶树。

生长与采摘

　　成年茶树耐寒性好，可适应多种气候条件，但从种子到成年茶树的生长速度缓慢。因此，在种子萌芽阶段和茶树幼苗期，须精心管护。

种子繁殖或无性繁殖

　　栽植茶树是为了采摘其鲜叶，而不是花或果实（种子）。终极目的是让茶树在整个生长季节萌发更多的新梢芽叶，以确保最大采摘量。对于如何促进茶树生长有不同的观点。茶农通常通过种子繁殖来培育茶树，他们认为茶树种子在突破了重重障碍破壳发芽钻出地面后，长成的茶树会更健壮。然而，更多人选择通过扦插的方式繁殖茶树，这种方法被称为无性繁殖。通过这种方式培育的茶树比用种子繁育的茶树采摘期会提前一点。扦插繁殖的茶树特性取决于所选取的母株特性，因此对许多茶农来说，选择无性繁殖培育茶树是更为稳妥的。

结种

　　茶树从开花到结种要经历一年多的时间。茶树的花蕾形成于夏季，初秋才会开放。当天气转凉时（10月至次年1月），种子就会脱落，之后就可以将茶籽从地面收集起来了。在中国，茶籽的采收是在深秋或初冬。

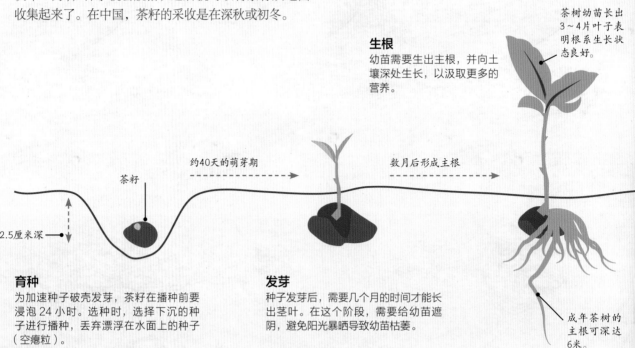

生根
幼苗需要生出主根，并向土壤深处生长，以汲取更多的营养。

茶树幼苗长出3~4片叶子表明根系生长状态良好。

茶籽

约40天的萌芽期

数月后形成主根

2.5厘米深

成年茶树的主根可深达6米。

育种
为加速种子破壳发芽，茶籽在播种前要浸泡24小时。选种时，选择下沉的种子进行播种，丢弃漂浮在水面上的种子（空瘪粒）。

发芽
种子发芽后，需要几个月的时间才能长出茎叶。在这个阶段，需要给幼苗遮阴，避免阳光暴晒导致幼苗枯萎。

单叶

插条，2.5～5
厘米长

扦插繁殖

在茶树休眠期或旱季，从植株主干枝（从"母株"的主干上直接长出来的枝条）的中部剪取2.5～5厘米的枝条作为插穗，保留一片健康的叶片，用一把锋利的刀将插穗上下端斜向切口，叶片上端留约5毫米长，下端留2.5厘米，然后将插穗插入盆（苗床）中。插穗应避免阳光直射，每天要给叶片洒水保湿。

12～15个月过后，插穗生根，就可以移栽到茶园里了。再过12～15个月才能首次采摘。总地来说，从扦插到采摘需要2～3年的时间。通过扦插繁殖的茶树寿命为30～40年，而通过种子繁殖的茶树可生长数百年。中国云南省有些野生茶树，据估计树龄已达2000多年。

成年茶树长成需要
2～3年

5～7年后可以采摘

修剪

成年茶株高1～1.2米，修剪的目的是确保一棵茶树大约有30根枝条，并保持树冠外形美观和合适的采摘高度。茶树在种植2年后进行第一次定性修剪。一般选择在地上部分休眠期进行。此后，每年进行一次轻修剪，每3～4年进行一次重修剪，即剪去所有的叶子和二级分枝，以促进茶树复壮。

芽叶采摘

手工采摘的茶叶应符合行业标准：最适合制茶的是一芽二叶或一芽三叶。上图即为适合采摘的芽叶。

自然环境

像葡萄酒一样，每种茶都有自己的特性，即便是同一类茶，产地不同，茶的风味也不尽相同。这种不同是茶树赖以生存的自然条件（也被称为小气候）或生态环境所导致的。

茶树生长的特定环境对茶叶的品质有很大的影响。海拔、土壤和气候条件等自然因素影响茶叶的风味和特性，以及叶片中维生素、矿物质和其他化合物的含量。尽管茶农希望当地的自然环境能长时间保持稳定，以保证他们每年的收成，但自然界是千变万化的。极端天气、干旱和土壤贫瘠，都可能会影响茶树的生长，并最终影响茶叶生产。

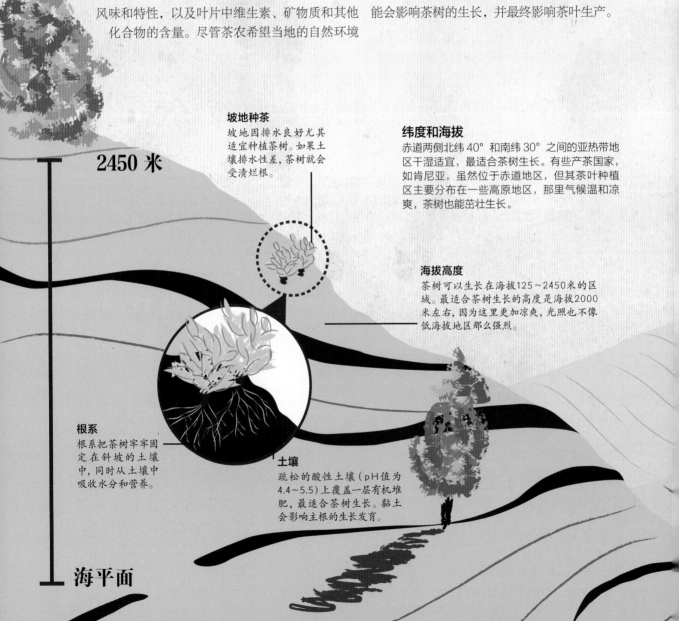

坡地种茶
坡地因排水良好尤其适宜种植茶树。如果土壤排水性差，茶树就会受渍烂根。

纬度和海拔
赤道两侧北纬40°和南纬30°之间的亚热带地区干湿适宜，最适合茶树生长。有些产茶国家，如肯尼亚，虽然位于赤道地区，但其茶叶种植区主要分布在一些高原地区，那里气候温和凉爽，茶树也能茁壮生长。

2450 米

海拔高度
茶树可以生长在海拔125～2450米的区域。最适合茶树生长的高度是海拔2000米左右，因为这里更加凉爽，光照也不像低海拔地区那么强烈。

根系
根系把茶树牢牢固定在斜坡的土壤中，同时从土壤中吸收水分和营养。

土壤
疏松的酸性土壤（pH值为4.4～5.5）上覆盖一层有机堆肥，最适合茶树生长。黏土会影响主根的生长发育。

海平面

气候
降水量、风速、风向以及温度的波动都是影响茶叶产量的关键因素。

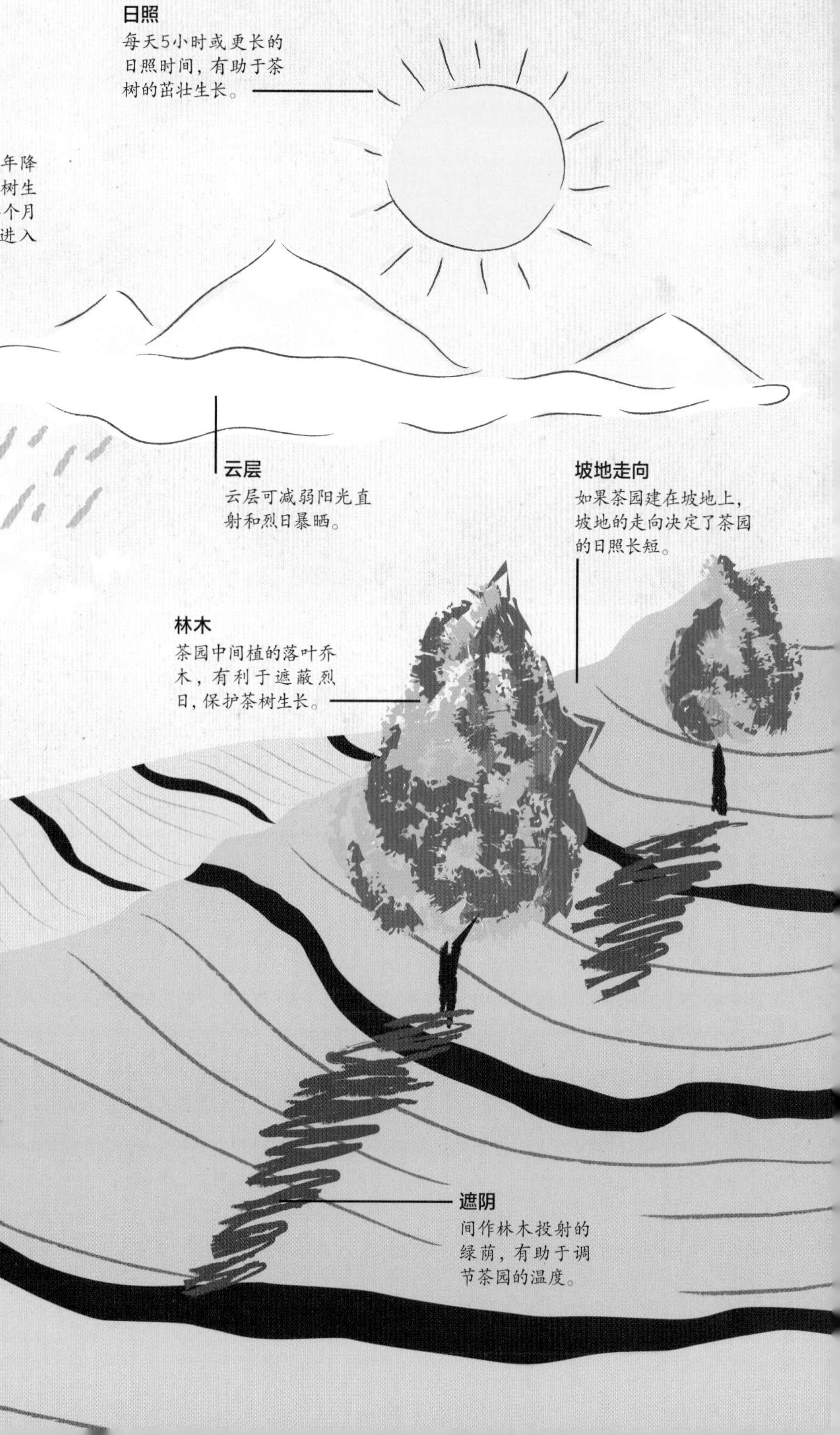

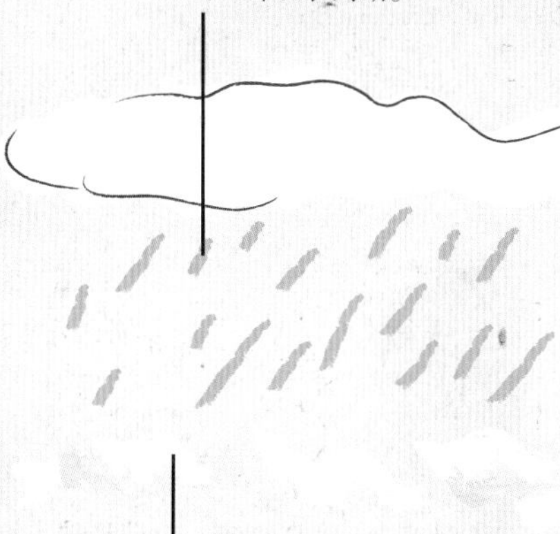

日照
每天5小时或更长的日照时间，有助于茶树的茁壮生长。

降水
茶树生长至少需要1500毫米的年降水量。但降水量过大不利于茶树生长，因为茶树每年需要利用3~4个月的旱季进行休眠，然后才开始进入下一个生长周期。

云层
云层可减弱阳光直射和烈日暴晒。

坡地走向
如果茶园建在坡地上，坡地的走向决定了茶园的日照长短。

云雾
云雾笼罩是茶树生长的有利条件，雾气不仅滋养茶树，还能保护茶树免受阳光暴晒。

林木
茶园中间植的落叶乔木，有利于遮蔽烈日，保护茶树生长。

茶园
上图为印度大吉岭的可颂茶园，高大的落叶乔木为茶树提供了阴凉。

遮阴
间作林木投射的绿荫，有助于调节茶园的温度。

茶叶加工

从茶鲜叶到杯中茶，这一过程始于茶园。茶农们精心管护茶园，为大规模茶叶生产加工做好准备。

茶园景观
有的茶园建在坡地上，形成起伏的梯田景观；有的茶园则是茶树直线排列，整齐成行。

茶园的类型

茶园规模不一，有占地面积不到 10 公顷的小型茶园，也有绵延数千英亩、雇用了大量茶农的大型种植园。无论茶园规模如何，经营目的都是一样的。不同之处在于茶园的采摘周期和生产规模。茶园生产都会迎合市场需求，市场需求也影响着茶树的种植和茶叶加工方式。大型茶叶种植园通过代理经纪人在拍卖会上成吨出售成茶，然后用集装箱船将其运送到目的地；而规模较小的茶园通常直接将茶叶卖给进口商、批发商和零售商。

工业化茶园

这类茶园的经营目的主要是实现商业利益，追求的是快速生产和廉价成本，并力求所产的茶叶品质稳定，与经过试验和测试的栽培品种几乎没有区别。因此，大型工业化茶园会使用化肥和农药来确保茶叶的收成，并使用工业化机械制茶，加速生产进程。

小产区茶园

有些大型茶园有着令自己深以为豪的传承，它们生产的名优茶从不会与其他产地的茶叶混合拼配，被称为单一产地茶或单一茶园茶。这些小产区茶因其独特的风味而价格高昂。其独特的风味是由茶园特定的小环境决定的。因此，它们不需要像工业化茶园一样，力求茶叶品质保持不变。

匠心茶园

另一类茶园是私家茶园，匠心打造。这类茶园比单一产地茶园的规模小，占地面积通常不到 10 公顷。经营匠心茶园成功与否的关键取决于两点：一是茶庄园主是否了解茶树与当地自然环境的适应关系；二是茶庄园主手工制茶的专业技能。从精心管护每一株茶树，到给访客沏茶敬茶，整个过程都是庄园主的匠心出品，并由庄园主亲力亲为。

单一产地

单一产地茶
单一产地茶因其独特的风味而备受青睐。

制茶工艺

　　泡茶的时候你会发现，有的干茶外形看起来像是一个个土壤颗粒，而有的则如同刚刚采摘的茶鲜叶。这种差异主要是由制茶工艺决定的。机械制茶有两种方法：一种是碾碎—撕裂—卷曲（CTC）制法，另一种是传统制法。

CTC 制法

　　CTC 制茶工艺始于 20 世纪 30 年代，这种制茶法是使用工业机械来加工茶叶。先用机器把较低等级的大片茶鲜叶切磨、挤压（加速氧化）成碎片，然后揉捻成同等大小的细小颗粒，之后进行氧化。这种方法只用来生产红茶，大多用于规模化红茶生产（应用于工业化茶园中）。CTC 制茶法在斯里兰卡、肯尼亚和印度部分地区非常流行，但在中国并不常见。

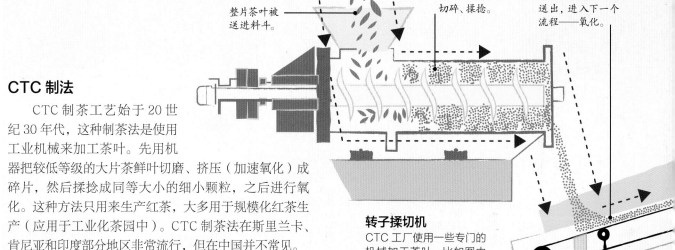

整片茶叶被送进料斗。

叶片在机器里被大型刀片挤压、切碎、揉捻。

之后从机器另一端送出，进入下一个流程——氧化。

转子揉切机
CTC 工厂使用一些专门的机械加工茶叶，比如图中的转子揉切机。

传统制法

　　传统制茶工艺指的是采用完全或部分手工制茶，目的是尽可能保证茶叶的完整性不受破坏。除了红茶采取 CTC 制法，其他茶叶都以传统制茶工艺作为标准的生产方法。干毛茶的完整度被认为是衡量茶叶优质与否的一项指标。印度、斯里兰卡和肯尼亚使用英国的茶叶分级系统（见第 90 页）对碎茶进行分级，并按照碎茶率相应定价。由于人们对这种茶的需求不断增加，越来越多的茶叶生产商沿用传统制茶法加工茶叶。采用传统制茶工艺，茶叶质量与产量成反比，价格也是如此。尽管产量低，但较高的价格可以弥补这一不足。

完整的茶叶
传统制茶法的生产目的是保证干茶的完整度不受破坏，但干燥时茶叶容易折断，在加工的最后阶段可能会破碎。

颗粒状茶
CTC 红茶几乎都是用来制作袋泡茶的，这种细碎的红碎茶被称为片茶，冲泡后能快速释放出茶香。

从茶园到茶壶

制茶远不只是将茶叶采摘下来并烘干，制茶包括一系列工艺流程，从采摘茶鲜叶到加工成干茶，每一步都不可或缺。

每个国家和地区都有自己独特的制茶工艺。手工制茶的方法更是大相径庭，甚至因村而异、因人而异。但是有些全球公认的制茶工艺已经沿用了数百年。在中国、印度、日本和韩国的茶叶生产高峰期，茶叶加工者昼夜不息、辛苦劳作。因为茶叶采摘期很短，而采摘后的茶鲜叶如果不及时加工，品质很快就会下降。

制茶工序

并非所有的茶都历经同样的加工流程。有些茶的加工程序比较复杂，比如红茶和乌龙茶；而有的工序要简单一些，比如黄茶。下图是茶叶加工的流程图，揭示茶叶从采摘到制成的整个过程，图中可以找到每种茶叶的制作流程。

采摘

茶叶每年可进行数次采摘。第一轮采摘在早春进行，采摘枝头萌发的新梢（大吉岭头摘茶即是在早春进行采摘）；其次是初夏；有的地方秋季也可以采摘。在肯尼亚等赤道地区，终年都可以采摘。种植在山地斜坡上的茶树，采摘仍需人工进行，完成这项工作的通常是女性采茶工。

萎凋

茶鲜叶的含水率约为75%，在加工前必须先将多余的水分去除，才能进入下一步工序。把鲜叶放在温暖的阳光下摊晒（白茶、普洱），或者在工厂条件下，将温度控制在20~24摄氏度，把茶鲜叶放在萎凋槽中进行摊晾萎凋。茶叶品类不同，萎凋所需的时间也不同，萎凋时间平均为20个小时。

揉捻

茶鲜叶经萎凋后，部分水分蒸发，叶片变软，便于揉捻做形。对于乌龙茶和红茶来说，揉捻会导致叶片细胞破碎、茶汁溢出，从而加速氧化。而对于绿茶和黄茶，茶汁的溢出会提升茶叶香气。

杀青

这道工序仅适用于加工绿茶和黄茶。制作绿茶和黄茶的茶鲜叶不需要进行长时间的萎凋，只需短暂摊放，风干叶面水分即可，然后通过高温蒸或炒，破坏鲜叶中酶的活性，抑制其氧化，这个过程叫杀青，这样可以保留茶叶中的芳香类挥发性物质。

图例
- ⬜ 白茶
- ▨ 红茶和乌龙茶
- ⬛ 普洱茶
- ⬜ 绿茶
- ⬜ 黄茶

发酵

　　普洱茶的制作在揉捻工序完成之后，要经过蒸茶、压模的工序，之后存放发酵。普洱茶分为生茶（生普）和熟茶（熟普）两大类：生普茶饼自然发酵，并通过数年的微生物作用；而熟普的发酵用时较短，在控温控湿的条件下渥堆存放数月即可。

头摘茶
图为采茶工在早春时节采摘的茶芽新梢，蕴含着漫长冬日积聚的天地精华。

氧化

　　在氧化过程中，茶叶中的多酚类物质经酶促氧化，转化成茶黄素（决定茶汤的口感）和茶红素（决定茶汤的颜色）。在湿润的环境下，茶叶摊放在台面上即可进行氧化，氧化过程需要数小时才能完成，直到制茶师傅确定氧化时间已到（红茶），或已达到氧化所需的程度（乌龙茶）。

烘焙干燥

　　茶叶最早是放在烘笼或锅中，用炭火烘焙干燥的，如今更多的是用滚筒式烘干机进行干燥。有些茶至今仍沿用传统的烘干方法，以保留其特有的口感和风味，如正山小种红茶和龙井茶。烘干后的干茶含水率仅为3%。

分级

　　茶叶制成后，要通过手工或机器进行筛分定级。有的机器装有红外探头，能探知干茶大小，从而按大小进行分级，同时分拣出混在茶叶中的杂物，比如茶叶的茎梗。用传统工艺制作的茶叶保证了芽叶的完整度，碎茶较少，等级较高。

闷黄

　　制作黄茶时，茶鲜叶在杀青后，要包裹起来保温保湿堆积存放，这道工序叫"堆黄"或"闷黄"。湿热的环境会使茶叶从翠绿变为黄绿。

一树多茶

全球各地的茶叶都源自同一科植物，但生产出来的茶叶品类繁多。而每种茶因其加工工艺不同、特点不同，口感和醇度也不同。本书将茶叶分为六大类，从鲜甜芬芳到浓郁的巧克力坚果味，不同品类的茶，滋味也大不相同。

绿茶

绿茶是未发酵茶，口感和色泽最接近茶鲜叶。制作绿茶采用春季采摘的新梢芽叶。新萌发的茶树梢，历经一冬，收敛含藏，积蓄着天地的精华，富含多种营养物质和香气物质。绿茶因味道清新和存储期较短而备受推崇（它的保质期很短，只有6～8个月）。在中国，每年4月初清明节前采摘的茶叶最为珍贵，又被称为"明前茶"。绿茶的外形多种多样，有扁平形、针形、螺旋形、珠形、卷曲形等。

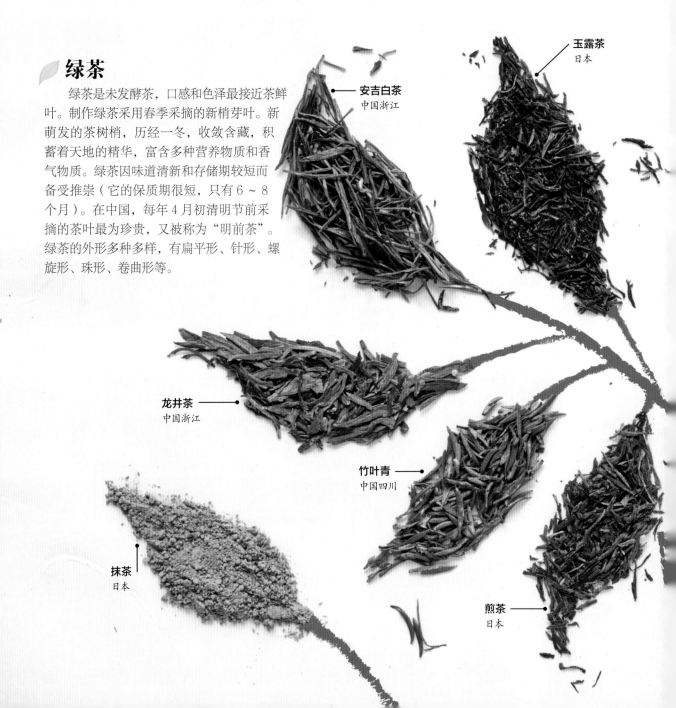

玉露茶
日本

安吉白茶
中国浙江

龙井茶
中国浙江

竹叶青
中国四川

抹茶
日本

煎茶
日本

白茶

白茶的主产地在中国福建。在所有的茶叶品类中，白茶的加工工序最少，但是所需加工时间较长（2～3天）。茶鲜叶的萎凋约需2天时间，在这个过程中，内含物会发生轻微的自然水解和氧化，然后经过低温烘焙、拣剔、复焙。白茶有几种类别，有些是用鲜嫩的芽头制成的，芽叶上密披白色的茸毛，称之为"白毫"；还有一些白茶以更大一点的成熟叶作为原料，加工过程中氧化程度也更高一些。因为芽头富含增强免疫力的抗氧化物质，如儿茶素和多酚，因此白茶被认为是最健康的茶类之一。

白毫银针
中国福建

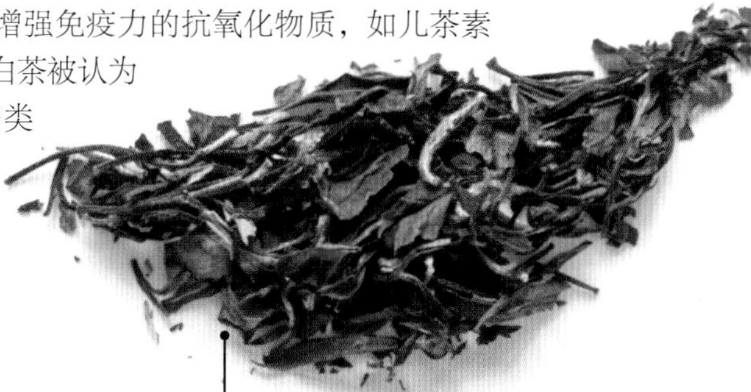

白牡丹
中国福建

寿眉
中国福建

大红袍
中国福建

铁观音
中国福建

乌龙茶

乌龙茶的产地主要分布在中国，尤其是福建省的武夷山和台湾省的山地茶园。乌龙茶是一种半发酵茶，以成熟的茶鲜叶作为原料，按照严格的工序制作而成。茶鲜叶需进行数小时的萎凋，然后摇青，这一工序使得叶片边缘碰撞摩擦受损，叶片细胞壁破碎溢出茶汁，从而有利于在发酵过程中释放出茶香。当乌龙茶达到所需发酵的程度后，进行烘焙干燥，以阻断进一步氧化；之后是揉捻、复焙。轻微发酵的乌龙茶干茶一般呈墨绿色，有光泽，外形为球形；而发酵程度比较高的乌龙茶色泽更深，外形卷曲。

红茶

红茶属于全发酵茶，主要产地在肯尼亚和一些亚洲国家，包括斯里兰卡、中国、印度等。全球各地生产的红茶多用于制作袋泡茶，或者和其他茶类一起制作拼配茶，比如可以加入牛奶和糖一起调饮的拼配早餐茶和下午茶。因茶汤呈深红色，中文把"black tea"称为红茶。红茶在发酵过程中形成的浓郁香气赋予了茶汤醇厚饱满的滋味。

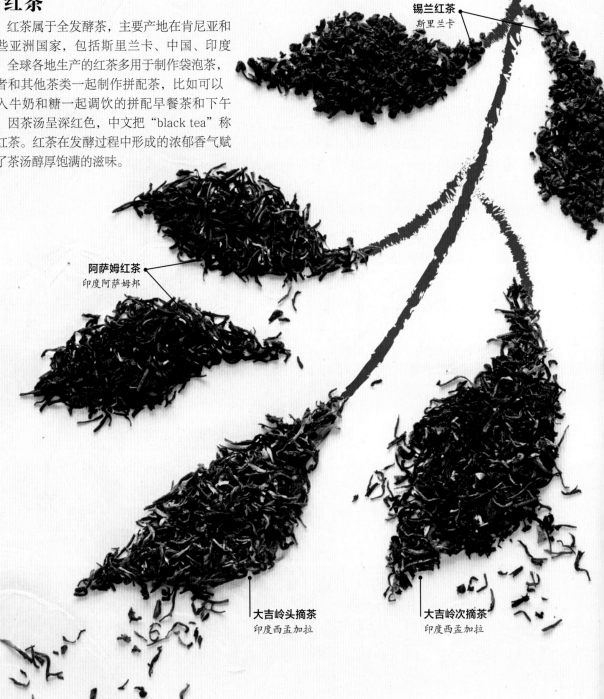

锡兰红茶
斯里兰卡

阿萨姆红茶
印度阿萨姆邦

大吉岭头摘茶
印度西孟加拉

大吉岭次摘茶
印度西孟加拉

🍃 普洱茶

　　普洱茶是一种后发酵茶，因其产地在中国云南普洱而得名。普洱茶中含有丰富的益生菌，可以助消化、提高免疫力，因此常用来作为减脂茶。加工后的普洱茶经蒸制压模成饼，存放数年之后再行出售。散装普洱茶在市场上也有出售。

　　普洱茶分为两大类：经缓慢自然发酵制成的生普和用快速发酵工艺制成的熟普。中国其他省份也生产类似的茶叶品类，被称为"黑茶"（dark tea）。后发酵茶，尤其是普洱茶，因其越陈越香、存放年头越久口感越丰富（随着时间的推移，粗老味、酸辣味逐渐消失，变得香气陈纯、醇厚爽滑），而广受普洱茶收藏家的追捧。

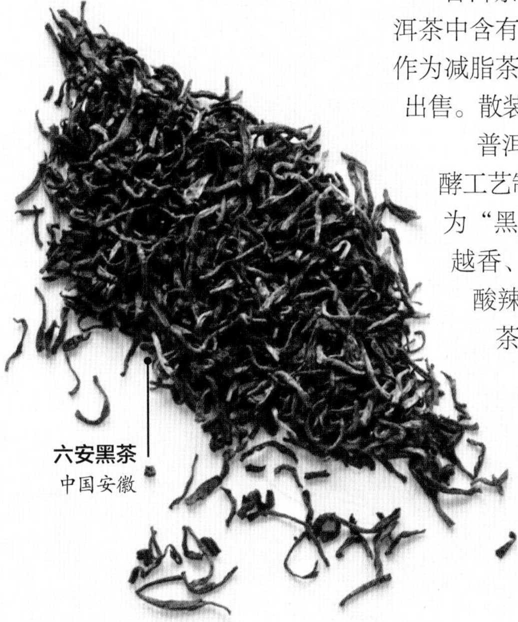

六安黑茶
中国安徽

生普茶饼
中国云南

🍃 黄茶

　　黄茶仅产于中国的少数省份，如湖南省和四川省。黄茶产量少，出口量也很小，因此在市场上比较罕见。和绿茶一样，最好的黄茶是以早春采摘的鲜嫩的芽头为原料制成的。黄茶以味道鲜醇为特征，因其干叶微黄而得名。干茶的颜色是在闷黄的工艺过程中形成的（见第23页）。

君山银针
中国湖南洞庭湖

莫干黄芽
中国浙江

蒙顶黄芽
中国四川

抹茶

抹茶色泽鲜亮，富含抗氧化剂，越来越受到全球各地消费者的青睐。这种色泽翠绿亮丽的茶饮已经有1000多年的历史了，因其滋味浓醇、提神醒脑，被誉为"茶界的浓缩咖啡"。

奇妙之饮

抹茶的出现可追溯到中国唐代，当时人们普遍使用开水冲泡研磨的茶粉，搅匀饮用，时称点茶。后来，入华求法的日本佛教僧侣将点茶冲饮法和当时中国盛行的茶道、茶艺带回日本，并在日本发展传承，形成了日本茶道，并最终成为日本茶文化不可分割的一部分。用于制作顶级抹茶的茶树产自日本宇治。

在采摘前几周，要对茶树进行人工遮光处理，促使茶鲜叶中叶绿素的含量增多，由此便形成了抹茶独特的亮绿色。采摘后的茶鲜叶经蒸青、烘干、去除茎和叶脉后称为"碾茶"。将碾茶放入抹茶研磨机，通过花岗岩碾轮，将其磨成精细的粉末，即成抹茶。1小时可研磨出30克抹茶粉。

抹茶中咖啡因含量较高。饮用抹茶时，茶叶中所有的成分都能被人体吸收，因此它的营养价值比普通绿茶更高。抹茶中含有大量的抗氧化物质，如具抗癌功效的儿茶素以及能镇定安神、提高注意力和专注力的L-茶氨酸。

抹茶主要分成两种等级：薄茶（Usucha）和浓茶（Koicha），此外还有一种较低等级的抹茶，主要用于甜点制作。薄茶最为常见，适合日常饮用；浓茶主要用于正式的茶道表演。用于制作甜点的抹茶品质最低，价格也最便宜，因此是制作马卡龙、蛋糕和冰激凌等抹茶类食品的理想配料。

茶则

茶碗

抹茶的健康功效

因为整片茶叶都能被人体吸收，所以抹茶的健康功效远高于其他品类的茶饮。抹茶有助于排毒，提高免疫力，还能提高身体活力、促进新陈代谢。

抹茶拿铁
抹茶使动物奶油或植物奶油的口感更柔和、更丝滑，在浓郁起泡的奶油拿铁中加入抹茶，是当今比较流行的饮用方式。白巧克力抹茶拿铁的制作方法参见本书第155页。

在中世纪的日本，武士出战前喝抹茶壮行是一种习俗。

抹茶粉

茶筅

抹茶马卡龙
抹茶夹心马卡龙的口感清新，如同浓缩了草本植物的精华。

如何冲泡抹茶

　　一杯提神醒脑的抹茶需要用茶筅快速搅打，直到打出细腻丰富的泡沫。

所需原料

筛过的薄茶茶粉0.5~1茶匙

75摄氏度的热水120~175毫升

1. 热水润碗后，倒入抹茶粉，加入少量热水，搅拌成糊状。

2. 再加入足量的热水，沿"W"或"N"字形快速搅打，直到茶汤表面打出细腻丰富的泡沫。

抹茶蛋糕
制作蛋糕或糖霜时，在配料中加入2~3勺抹茶粉，成品颜色会呈现抹茶绿。抹茶粉不能放太多，否则蛋糕会变苦。

工艺花茶

工艺花茶由内外两层构成，外层是白茶，内层包裹着干花。冲泡后，茶球浸润舒展开来，茶叶和内层的花卉缓缓绽开。

工艺花茶源自中国福建，由心灵手巧的女性手工制作而成。制茶人把干花放到干茶里面，用针线缝制成直径约2厘米的紧实的茶球。一个人一天大概能做400颗茶球。

通常选用绿茶中的白毫银针制作工艺花茶，白毫银针的嫩芽柔韧性好，适合工艺加工，且泡开后外形美观。制作时，先把准备好的茶芽捆在一起作为基托，再用线把桂花、茉莉花、菊花、百合或金盏菊等可食干花和茶叶基托穿在一起。外层茶叶和内层干花的放置次序决定茶球冲泡后的造型。

有的茶球象征着幸福、吉祥或爱情；有的诠释一些概念，如春暖花开等。茶球做好后从顶端绑紧，然后用布包裹起来高温定型。

制作工艺花茶，外层的茶叶要选用完整的叶片，内层宜选用颜色鲜艳的花卉。

工艺花茶在透明的茶具中观赏性极佳，因此宜用玻璃高杯或玻璃茶壶冲泡。冲泡时，先将茶球放入茶壶，缓缓注入75～80摄氏度的热水，注满2/3壶即可。1～2分钟后，外层的茶叶颗粒吸收水分慢慢展开，内层的花卉徐徐绽放。

由于白茶的加工方式与绿茶相似，所以工艺花茶耐数次冲泡，且每次冲泡的口味都不相同。茶喝完后，还可以将花茶泡入冷水中继续观赏数天。

一个熟练的工艺花茶制作人一天可以制作400多颗茶球。

茶的保健功效

　　茶叶中含有抗氧化物和多种其他化学物质，如多酚、L- 茶氨酸和有助于增强免疫力的儿茶素。茶叶嫩梢中的抗氧化物质和其他化学物质的含量最高，因此在所有的茶叶品类中，以鲜嫩的芽叶为原料制成的绿茶和白茶对健康最有益，且加工工序也最少。

　　茶作为药饮最早出现在中国，用以调理内热、提神醒脑。17 世纪传入欧洲后，先是作为止痛和助消化的良药在药店出售，直到 18 世纪上半叶，茶叶才成为广受欢迎的饮品，并因其保健功效逐渐成为人们日常生活的组成部分。

　　关于茶的健康功效，很多科学家都做过研究，但是还有很多功效尚待发掘。尽管所有的茶叶都有益人体健康，但人们更多关注绿茶的功效。要想实现最佳的保健功效，建议每人每天至少喝 3 杯绿茶。

茶与健康

　　总地来说，喝茶有利于健康。茶叶中多种特殊的化学物质对人体都有好处，可以抗抑郁、预防某些疾病、强健骨骼、提高免疫力。从有益于口腔健康到解腻助消化，茶不仅因其风味，更因其保健功效受到人们的青睐。

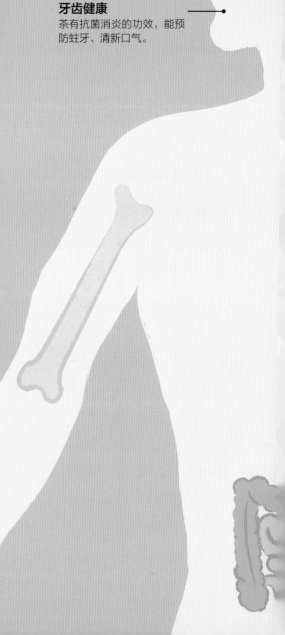

牙齿健康
茶有抗菌消炎的功效，能预防蛀牙、清新口气。

深层护肤
茶叶中的抗氧化物质具有排毒功效，可促进细胞修复和再生，保护皮肤免受有害自由基（氧化衰老因素）的伤害。尽管茶中含有咖啡因，但由于饮茶以水为主，所以喝茶还能起到保湿补水的作用。

改善大脑功能

各种茶中均富含多酚类物质，茶多酚可以局部改善并调节大脑功能、增强记忆力和学习能力，通常认为茶多酚可以降低人们罹患某些退行性疾病的风险。

舒缓压力

喝茶可以减压，绿茶效果更好，因为绿茶中含有一种独特的氨基酸——L-茶氨酸，可以增强 α 脑电波，放松大脑。
L-茶氨酸在与咖啡因和抗氧化剂结合后，还能够改善大脑功能，提高认知能力。

咖啡因

茶叶中含有咖啡因，咖啡因是一种刺激神经系统的苦味物质。它是茶树叶部合成的多种化合物之一，可以防止昆虫蚕食和破坏幼芽，保护新芽的生长发育。干茶所含的咖啡因与咖啡中的含量相当，但是茶叶中的多酚可以调节并减缓咖啡因的释放，因此茶的醒神作用表现得更为缓慢。不同的茶叶品类，咖啡因含量不尽相同，具体取决于茶树的品种、冲泡时的水温、冲泡时长以及茶鲜叶采摘的季节。

绿茶和白茶比黑茶和乌龙茶中的抗氧化成分含量高。

保护心血管

茶多酚富含类黄酮和抗氧化物质，能中和自由基的毒性和突变作用，有助于预防癌症。类黄酮还有助于防止心血管疾病。喝绿茶可以显著降低患高血压的风险。

强壮骨骼

茶多酚有助于骨骼形成，还能增强肌肉力量，保持骨密度。

助消化

人们早就将饮茶作为餐后消食解腻的良方，尤其是喝乌龙茶。普洱茶因含有益生菌，可以助消化，被人们认为是减肥降脂的神器。饮用绿茶则有助于促进新陈代谢、燃烧卡路里。

茶之冲泡

袋泡茶还是散装茶?

自袋泡茶发明以来，对于散装茶与袋泡茶两者孰优孰劣的问题，人们一直争论不休。虽然很难与袋泡茶的便利性相提并论，但在风味方面，散装茶显然具有极大优势。

散装茶

冲泡散装茶要比冲泡袋泡茶多花点工夫，但过程其实也很简单，且泡出的茶汤品质大不相同。

便利性
使用专用茶具，如带滤网的茶壶，可以使冲泡过程、清理茶渣变得更加快捷方便。

鲜度和品质
与袋泡茶中的"茶末"或 CTC 茶叶相比，散装茶暴露的面积更小，如果妥善储存，保鲜时间更长。

风味
散装茶是由整枚幼嫩芽叶或大片茶叶制成的，其中仍旧保留了芳香油，因此泡出的茶汤风味浓郁。

价格
人们误以为散装茶很贵。其实泡一杯茶只需要少量的茶叶。有的茶叶还可以反复冲泡（如乌龙茶），从而降低了每杯茶的价格。

环保
散装茶是可以生物降解的，能在土壤中迅速分解，所以很适合做成堆肥。

冲泡
散装茶的香味会缓缓地释放，这意味着茶香不会泡一次就消失，因此可以反复冲泡。

从茶的香气中可以分辨出茶汤的味道。

当茶叶有充足的浸泡空间时，会释放出更多的香气和味道。

滤网用来盛放茶叶，使清洗更容易。

袋泡茶

袋泡茶的问世纯属意外。1908 年，纽约茶商托马斯·沙利文将茶叶样品装在带拉绳的丝绸小袋内寄给客户，本意是希望客户把茶叶取出来冲泡品鉴，但是他们直接连着袋子一起冲泡了，而且对此非常喜欢，并让沙利文用同样的包装给他们寄去更多的茶叶。

茶包有方形的也有圆形的（见上图），这两种形状的茶包在冲泡时留给茶叶的空间都很小。三角形立体茶包（见左图）的形状能让水更好地浸透茶叶，因此冲泡的效果更好。

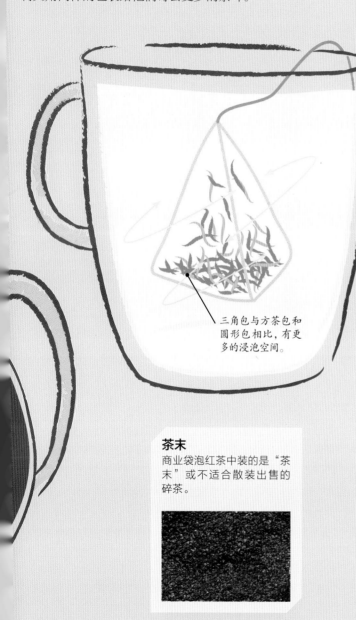

三角包与方茶包和圆形包相比，有更多的浸泡空间。

茶末

商业袋泡红茶中装的是"茶末"或不适合散装出售的碎茶。

便利性

袋泡茶的容量是预先配置好的，所以使用起来非常方便，也不再需要茶漏、茶壶和滤网。

鲜度和品质

商业袋泡茶里装的一般是最低等的红茶茶末，虽然冲泡所需时间短，但是由于其表面是完全暴露的，无论怎么存放，保鲜时间都很短。

风味

用于制作袋泡茶的茶末在加工过程中会损失大量精油和芳香物质，因此和散茶相比，冲泡后的茶汤味道没有那么浓郁，而且在冲泡时会释放更多单宁酸，可能会增加茶汤的苦涩味。

价格

买一大盒袋泡茶看似花费不多，其实每一杯茶的价格和散装茶的费用相差无几，尤其是散装茶可以多次冲泡，而袋泡茶只能冲泡一次的时候。此外，袋泡茶的保质期也比较短。

环保

虽然有些袋泡茶可完全生物降解，但大多数袋泡茶的包装材料都含有少量塑料成分（聚丙烯），数年都不能分解。因此，要选购不含聚丙烯的袋泡茶。

冲泡

即使没有茶壶，袋泡茶也很容易冲泡。但是袋泡茶无法展示茶叶在水中的舒展沉浮，而这正是沏一杯好茶、品茶品味人生的精华所在。

茶叶的存放

散装茶叶易受光照、空气和水分的影响，应该妥善储存。茶叶疏松多孔，易吸附任何与之接触的气味，所以要密封保存于阴凉干燥处。

保存期限

虽然茶叶看上去非常干燥，但仍含有3%的水分和挥发性精油。精油对茶叶的香气至关重要，如果存储不当，这些精油就会挥发掉。绿茶的保质期最短，为6~8个月，乌龙茶的保质期为1~2年。红茶的保质期最长，可达2年以上，但如果红茶中加入了香料或水果，增加了湿度，保持期会大大缩短。如果遵循下列注意事项，茶叶可以保鲜更久。

少量购买

如果一次性购买太多茶叶，可能会在橱柜里搁置很长一段时间才能喝完。可以先买少量的"体验包"尝试一下，这是试喝新茶的最佳方式。否则还得腾出空间和茶罐存放自己不喜欢的茶。

购买新茶

一定要购买当季生产的新茶。如果购买的是新茶，保鲜期会更长一些。

置于阴凉处

将茶叶储存在阴凉干燥处，最好是矮一点的橱柜里，但不要放在冰箱里。特别要注意，远离香辛料和所有的热源。

密封袋口

如果把茶叶保存在袋子中，要确保每次使用后都将袋口封好。

正确的做法

密封容器

将茶叶储存在锡、陶瓷或不锈钢制成的不透光茶罐中。确保容器密封，以防串味。

精选容器

好的茶叶要放在专门的容器或茶叶罐中储存。如果使用古董茶叶盒，要先检查内壁是否含铅。

如果存储得当，红茶的保质期可达两年以上。

光照

避免储存在透明容器中，因为光照会加速茶叶变质，同时导致茶叶褪色。

过量购买

买茶时一定要克制自己的冲动，不能把所有的新茶一下子都买回来，否则柜子里可能会堆满几年都喝不到的茶叶。

放在烤箱或烤架上

烤箱散发的热气会导致茶叶的香气流失。

冰箱储存

茶叶会在冷凝过程中吸收潮气。

储存在无内衬的木制容器中

如果使用木制容器存放茶叶，必须确保容器内有内衬，或者事先将茶叶装在密封塑料袋中，再放入木制容器。因为木制容器的盖子密封不严，茶叶可能会受潮，发生劣变甚至霉变。

与其他茶叶放在一起

不同类型和口味的茶叶不能存放在同一个容器中，否则茶叶会串味。

错误的做法

与香料一起保存

把茶叶和香料一起存放，可能会彻底毁掉你的茶叶，因为茶叶是疏松多孔结构，会吸附橱柜中其他物品的味道。

购买陈茶

买茶叶之前一定要先弄清楚它的生产日期，并在保质期内饮用。

专业品茶

专业评茶师练习品茶，又叫作"杯测"（茶叶审评），以此来评估茶的具体品质特征。通过训练嗅觉和味觉，你也能分辨和品鉴不同茶叶的多重风味。

专业评茶师

专业评茶师和茶叶拼配师都是各自业界的翘楚，每天他们都会品尝评鉴数百杯茶。评茶师和拼配师的味觉和嗅觉十分灵敏，他们清楚地了解茶的优缺点所在。这个评估茶叶优缺点的过程就是"杯测"。杯测的标准过程如下：不管是哪种茶，都是把一茶匙茶叶放入125毫升的沸水中冲泡5分钟。虽然外行会觉得这样泡出来的茶苦得难以下咽，但它有助于评茶师选择最适合的茶叶来调制某种特定的拼配茶，并为每次试品的茶叶确定一个新的拼配方案。他们的目的是用不同时间购置的茶叶调配出口感相同的拼配茶。

品茶工具

一套专业的品茶工具包括一个审评碗和一个带把手的小盖杯（审评杯）。把干茶叶放在审评杯中，然后注入沸水，盖上杯盖，浸泡5分钟。然后保持杯盖闭合，将审评杯侧向放置在审评碗上方，让茶水沥入审评碗中。最后将叶底从审评杯中倒出，放在倒置的审评杯盖上。

品茶的每一个环节都是五种感官悉数参与的过程。

居家品茶

　　专业审评不是为了娱乐，但你可以将之视为一种乐趣，在家中品味各类茶叶的口感与特点。保持开放的心态，品茶会让你发现茶中有新意。

所需配置

每人一茶匙茶叶，如绿茶、乌龙茶和红茶；也可以是类似"飞行检测"（打乱顺序的盲评），3款不同季节或不同茶园产的某一类茶，如大吉岭茶。

茶壶或带盖的茶杯，或者用小茶托当杯盖也行。

杏仁和南瓜子，用于在品茶间隙中和你的味觉。

品茶时不要喷香水，因为在分辨味道时，香水会干扰你的嗅觉。

1 检查干茶，记下它的色泽、形状、大小和香味。然后温杯。按照每人一茶匙的量将干茶放入茶壶或茶杯。每茶匙茶叶加入175毫升温度适当的水，盖上杯盖或小茶托，让其充分浸泡。每种茶叶的冲泡时间，请参考本书第42～47页。

2 打开杯盖，侧耳倾听，能听到茶叶舒展时发出的轻微声响。

3 当茶叶冲泡时，香气就会释放出来。如果想知道茶的味道，茶泡好后，揭开杯盖嗅一嗅，香气会从茶汤中挥发出来。

4 将茶汤沥入审评碗中后，查看叶底，并嗅闻其香。

5 注意查看茶汤的颜色，吸气，然后快速啜饮，让香气、滋味在味蕾间弥漫。这种感觉，便是茶的"口感"。茶的一些主要味道已被记录在味觉轮盘上（见第50～51页），以便你对茶的口感滋味进行描述。

专业泡茶

　　每种茶都有其独特之处，蕴含着各自特有的风味、色泽和香气。下列指南可以帮助你充分发掘茶叶潜在的多重风味。不过重要的是让自己享受其中，可以根据自己的口味自由调整。

绿茶

　　如果冲泡得当，绿茶的清爽会让人想起开阔的草地或清凉的海风。要选择保质期在一年内的绿茶，并注意冲泡的水温：水温过高会破坏赋予绿茶甘醇口感的氨基酸，水温过低则会影响茶叶中芳香物质的充分挥发。

　　冲泡绿茶的时间很关键。因为泡得太久会导致茶汤变得苦涩，因此第一次冲泡时间应短一点，同时品尝一下茶汤的滋味和口感，然后每次品尝间隔的时间延长30秒，直到泡出自己满意的茶汤。

冲泡指南

图中茶叶： 碧螺春（Green Snail Springtime），产自中国江苏洞庭山。

茶水比例： 每茶匙干茶用175毫升水冲泡。

水温： 中国绿茶75摄氏度；日本绿茶65摄氏度。最好使用山泉水。

冲泡方式： 第一泡时间略短，之后每泡的时间都延长30秒；可冲泡4~5次。

干茶
绿茶干茶一般呈淡绿色或深绿色，形状各异，大小不一。从如图所示的条索纤细紧结、卷曲成螺、密披白毫，到外形扁平、有光泽、形似芽叶成朵。

叶底
冲泡后的茶叶舒展开来，芽叶也会恢复原貌。

茶汤
茶汤色泽黄绿明亮，清香淡雅，略带果香。

白茶

　　白茶是所有茶类中最珍贵的品种，含有包括多酚在内的多种有利于人体健康的物质。白茶的采摘标准是早春刚刚萌发的单芽或一芽一叶，因此在中国茶界享有很高的地位。对于那些喜欢浓郁的红茶风味的人来说，品茗口感清新、层次多样的白茶可能是一个挑战。

　　白茶种类不多，其中白毫银针（Silver Needles）品质最佳，并被分为更精细的类别。价格反映茶叶的品质，如白牡丹（White Peony）中不仅有密披银毫的芽头，还有叶片，因此价格略为便宜。

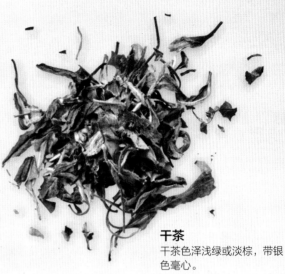

干茶
干茶色泽浅绿或淡棕，带银色毫心。

冲泡指南

图中茶叶： 白牡丹（White Peony），产自中国福建省福鼎市。

茶水比例： 2茶匙茶叶，175毫升水。

水温： 85摄氏度，最好使用山泉水。

冲泡方式： 第一泡时间为2分钟，之后每泡延长30秒，可以冲泡2~3次。

叶底
冲泡后可看到柔嫩的芽头以及较大的绿叶和叶梗。

茶汤
色泽杏黄清亮，滋味清甜醇爽，带有凤梨、甜玉米和焦糖的味道。

乌龙茶

　　乌龙茶种类繁多，不同种类的乌龙茶其发酵程度、香气和风味也不尽相同。绿乌龙，比如中国台湾省的阿里山青心乌龙，发酵程度为35%，带有花香；而武夷岩茶发酵程度达80%，滋味醇厚，带有焦糖的香味。

　　乌龙茶是最难制作的茶叶之一，它的品质取决于制茶师的手艺。虽然在加工过程中经过反复包揉，但乌龙茶的味道非常温和，可以耐多次冲泡，且每一泡的味道都不相同。

冲泡指南

图中茶叶：阿里山乌龙茶，产自中国台湾省南投县阿里山。

茶水比例：每2茶匙茶叶用175毫升水冲泡。

水温：轻度发酵的乌龙茶用85摄氏度的热水冲泡，发酵程度较高的乌龙茶用95摄氏度的热水冲泡。

冲泡方式：泡茶之前先温杯，再用热水润茶。第一泡需1~2分钟的时间。之后每次冲泡都要增加1分钟时间。乌龙茶耐冲泡多达10次。

干茶
这种轻度氧化的乌龙茶色泽从砂绿至墨绿不等，外形卷曲紧结，呈球形，有的还保留着叶梗。

叶底
茶叶在冲泡过程中会舒展开来，露出又大又厚、油润光泽的叶片，且镶有红边（氧化发酵的部位）。

茶汤
茶汤色泽亮黄，滋味甘醇，带有轻微的柑橘香和花香，且每次冲泡的风味都不同。

干茶
有些大吉岭茶色泽
浅绿，有整叶，也
有碎叶。

茶汤
汤色金黄，有苹果和香料的味道，
散发着麝香葡萄的香气。

叶底
大吉岭红茶冲泡后的茶叶呈棕色或
绿色，而别的红茶冲泡后可能会是
红褐色、胡桃色、甚至金黄色。

红茶

　　在西方国家最受欢迎的是红茶。人们对红茶的认知
通常始于袋泡茶和一些著名的拼配茶，如英式早餐茶。
这种熟悉感可能让人觉得所有红茶都具有相同的特征，
但红茶其实有很多品类，风味和特点也千变万化。

　　红茶属于全发酵茶，茶叶中含有的多酚被转化为茶
红素（决定茶汤的颜色）和茶黄素（决定茶汤的口感）。
味道比较浓烈的红茶，如阿萨姆红茶，可用牛奶或糖加
以中和。但在调配之前，最好还是先体验一下味道柔和
自然的原味红茶，如大吉岭的头摘茶。

　　从历史上看，全球最好的红茶产自印度和斯里兰
卡，但由于红茶在中国越来越受欢迎，因此红茶在中国
的产量正在增加。

冲泡指南

图中茶叶：大吉岭头摘茶，产自印度大吉岭。

茶水比例：每2茶匙茶叶用175毫升水冲泡。

水温：100摄氏度。

冲泡方式：浸泡2分钟。一些全叶红茶，如大
吉岭或中国红茶，可以冲泡2次，冲泡时间可
以增加1~2分钟。

普洱茶

　　普洱茶又名黑茶，是唯一含有益生菌的茶类。普洱茶可以存放多年，且放得越久，价格越高。普洱茶通常被压制成饼形或砖形，有的也保留松散的外形。有的普洱茶长年存放在竹筒、竹篓等竹制容器里。如果冲泡的是紧压茶，从茶饼上撬取茶叶时，要尽量保持茶叶的完整性，以免破坏茶叶的风味，使茶汤变得苦涩。另外要记得查看包装上的生产日期。普洱茶越陈越香，因此可以保存多年，且不同年份的普洱茶味道也是不同的。

冲泡指南

图中茶叶： 熟普洱茶饼，2010年产自中国云南省永德县。

茶水比例： 每茶匙茶叶用175毫升水冲泡。

水温： 100摄氏度

冲泡方法： 先用热水润茶、醒茶，至叶片柔软，然后冲泡2分钟；之后每泡都要增加1分钟时间，可加水续泡3~4次。

叶底
冲泡后的叶片色泽从绿色、褐色到深棕色不等。

茶汤
茶汤黏稠厚重，色泽暗红，有陈香和樱桃干的味道。

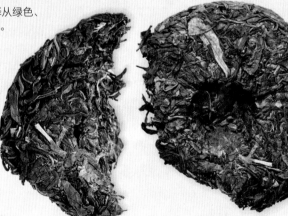

干茶
棕色、深棕色或绿色的整叶被压制成茶饼。

干茶
黄茶由幼嫩的浅绿色芽头制成，干茶泛金黄色，白毫显露。

茶汤
汤色橙黄，入口茶香清纯，回味甘甜。

叶底
冲泡后的茶叶宛如微型的嫩豌豆荚，带有黄色纹路。

黄茶

　　黄茶是用早春茶树枝头最柔嫩的芽头制成的，是珍稀茶类，但值得一品。黄茶仅产于中国，只有少数几种分类，如四川的蒙顶黄芽、湖南的君山银针等。黄茶富含氨基酸、多酚、多糖和维生素，健脾养胃、助消化，还能降脂减肥。

冲泡指南

图中茶叶：君山银针，产自中国湖南省。

茶水比例：每茶匙茶叶用175毫升水冲泡。

水温：80摄氏度，最好用山泉水。

冲泡方式：第一泡需1~2分钟，之后每泡都要延长1分钟时间，可续泡2~3次。

茶香的科学

为了甄别口中茶汤的味道，大脑会调动舌尖上的味蕾、鼻腔里的嗅觉神经以及口中的质感和热感应器。

茶叶中有着数百种不同风味的化合物，但一般人只能感受到其中几种。只要稍微集中注意力，再积累一点经验，就能训练你的大脑来识别这些风味。可以参考第 50 ～ 51 页的味觉轮盘，感受一下常见的茶汤风味。

感官

想识别茶汤的风味，就要了解感官是如何协同作用的。右侧插图能帮助你了解口感和味道是如何共同作用、共同形成你对茶汤收敛性的体验的；同样也能帮助你了解味觉和嗅觉不是孤立存在的，在两者的共同作用下，才让你体验到茶汤的风味。

风味

风味是气味和滋味的结合，即人们吃或喝东西时的体验。滋味与气味密切相关——75% 的滋味是由气味决定的。当人们喝茶时，茶汤中的芳香物质会挥发，并进入人们的鼻腔，在气味和滋味的共同作用下，人们感受到了茶汤的风味。

嗅觉

未品茶味，先闻茶香。泡上一壶热茶，袅袅茶香会在空中氤氲缭绕。把鼻子凑近茶汤，你的嗅觉系统就会活跃起来。先吸一口茶香，再用鼻子呼出，鼻腔中便充满了茶香，这就为你品尝茶汤的味道做好了准备。

温度

茶汤的温度影响品茶时的感受。如果水温过高，茶香挥发得过快，有些味道会在冷却的过程中消失。研究表明，舌头在热饮中感受到的涩味更多。因此，在品尝口感细腻的茶（如白茶）时，可以让它们先稍稍冷却，再试着品尝，这将有利于优化你的味觉体验。

味觉

舌头的味蕾含有味觉感受器，能将信息传递给大脑。在喝茶的时候，我们会分泌唾液，茶的滋味也会随之发生改变。品茶时，要迅速地啜吸一口，让茶水遍布舌头上所有的感受器。

收敛性

收敛性是由滋味和质感共同组成的复合感受，是茶的一个重要特征。它是由茶汤与唾液的化学反应引起的口腔起皱或干燥的感觉。收敛的程度取决于茶叶冲泡过程中释放的多酚（单宁）的含量。茶叶要有一定的收敛性，但收敛性过强则会影响口感。

口感

当茶汤与牙齿和口腔黏膜接触时，你会感觉到它的质感，通常也被称为"口感"。茶汤的收敛性、黏稠度和光滑度决定了它的口感。收敛性较弱的茶，口感可能比较柔和；如果收敛性较强，茶汤入口后涩味可能就会快速消退，迅速回甘。

舌头

舌头上有上万个味蕾，每个味蕾包含 50 ~ 100 个味觉感受细胞，能够识别甜、咸、酸、苦和鲜 5 种基本味道。虽然在喝茶时不太可能感受到咸味，但你的舌头还是可以感受到其他 4 种基本味道。

几十年来，"舌头地图"的概念被人们广泛接受。根据这个概念，口腔的特定区域只能识别某一种特定的味道。然而，这种风靡一时的"地图"学说已被科学界推翻，因为当代研究表明，口腔中的所有味蕾都能够辨别这 5 种基本味道。随着食品科学家在舌头、上颚和咽喉后壁发现了新的感受器，我们对味觉的理解也更深入。有科学家认为这些感受器能够识别凉、辣和钙质感。

体验

记忆和文化经验也会影响人们对茶叶风味的感知。此外，全身心的投入也可以改善人们的饮茶体验——选择一处优美、静谧之所，静下心来泡上一壶茶，会增加我们饮茶的乐趣，并最终提升品茗的感受。

只有味觉和嗅觉共同作用时，你才能完全感受到茶的滋味。

风味鉴别

在喝茶时，你可能很难区分各种味道。"风味轮"是对茶叶中不同风味和香气的直观表述，是一个简便的指南，可以帮助你理解和感受错综复杂的各种茶的风味。

通过味觉和嗅觉品鉴茶叶，可以把你带入一个广阔的风味世界。这个风味轮将风味分为12组，每一组又可以进行细化，帮助你分析茶叶的风味和特征。

在初闻茶香、尝过茶汤后，就可以参考这个风味轮，在内圈找到你的感受。例如：碧螺春会立刻唤起植物、甘甜和坚果的味道。

再喝一口茶汤或闻一下冲泡后的叶底，然后来看一下外圈对应的细化的风味。你现在可以在植物一类的风味中找到玉米的甜味，在坚果风味中找到栗香。这样的实验和体验可以帮助你甄别每一种茶的风味。

品尝得越多，就越容易识别茶汤的风味。

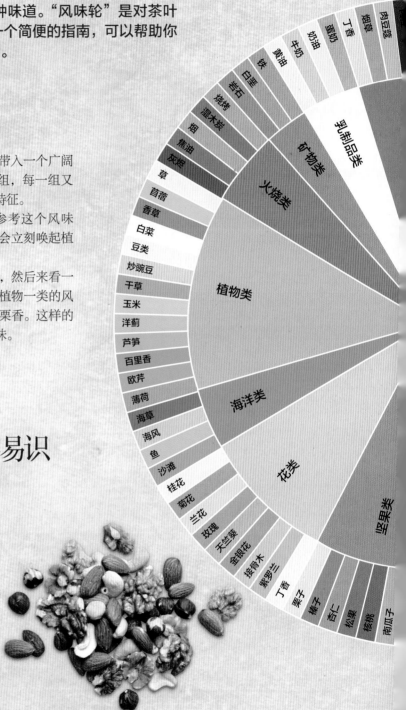

坚果味
坚果味定义了所有茶类的烘烤味和甜味。它们很好地描述了茶叶中单宁的收敛性。

苹果味
苹果香是大吉岭秋摘茶的特色风味，也是判断大吉岭茶是否完成发酵的一个标志。

蜂蜜味
中国台湾省的轻发酵乌龙茶有时会有一种淡淡的蜂蜜味。

巧克力味
有些熟普有明显的黑巧克力或生巧克力的味道。

玫瑰味
在深褐色的烘焙乌龙茶中可以闻到玫瑰花香。

丁香
大吉岭红茶和一些熟普会有明显的丁香味。

木质类

土质类

柑橘类

核果类

木本果类

浆果类

葡萄类

热带水果类

瓜类

果干类

甜品类

果干和鲜果类

橡木　香柏　松木　树皮　树汁　檀脑　树脂　皮革　黑森林　苔藓　蘑菇　谷仓　湿土　沼泽地

橙子　柠檬　金橘　葡萄柚　佛手柑　李子　黑樱桃　杏子　桃子　苹果　梨　草莓　山莓　黑莓　蓝莓　葡萄皮　鲜葡萄　香蕉　猕猴桃　菠萝　荔枝　蜜瓜　哈密瓜　西瓜　葡萄干　黑加仑　西梅

焦糖　巧克力　蜂蜜　枫糖　红糖　香草

泡茶之水

　　中国有句古话说"水为茶之母"，这句话还是有一定道理的，因为一杯茶的99%是由水构成的。水的品质对茶的味道影响很大，要泡出最好的茶，需使用无异味的纯净水，并将其加热到合适的温度。

　　无论是在农村还是在城市，降雨、污染和当地的含水层都会影响当地的水源质量，这些因素还影响着水中矿物质和气味的含量以及pH值。在0~14范围内，pH值低于7的水为酸性，高于7的水为碱性。

　　一般来说，水是中性的，pH值为7。但就泡茶而言，自来水有时会偏碱性或偏酸性。此外，自来水中还含有溶解于水的气体，这些气体可能会产生异味或高度矿化，从而影响茶汤的味道。

　　如果没有安装净水器，可以尝试使用以下办法：

　　瓶装泉水　注意不要混淆了泉水和矿泉水，后者因为添加了矿物质不适合泡茶。要选择溶解矿物质含量为50~100ppm的泉水。如果超过这个数值，茶的矿物质味道就会变浓。

　　过滤后的自来水　便携式滤水壶可以很好地过滤掉自来水中不必要的气味和矿物质。要按照使用说明更换滤网。

　　蒸馏水和自来水混合　蒸馏水是无味的，但与矿物质含量高的自来水中和后就会变得适合泡茶，具体的混合比例取决于当地自来水的品质。

水温

　　水的沸点随海拔高低而变化。如果你生活在海拔1300米以上的地区，那么水在沸腾的时候，它的温度还没能达到100摄氏度。在这种情况下，每杯茶可多加半茶匙茶叶，冲泡时可多泡几分钟。

冷热要适宜
如果泡茶的水太热，茶汤会变苦，香气会流失。如果水太凉，茶叶中的有效成分就不能完全浸出。

找到合适的温度

　　合适的水温是泡出一壶好茶的关键。如果用沸水冲泡绿茶，新鲜柔嫩的芽叶会被烫熟；而半发酵茶，如乌龙茶，需要略高的水温，但也不能用沸水冲泡；完全发酵的红茶则需要沸水冲泡，才能充分释放其风味。无论需要的水温是多少，泡茶的水一定要是现烧的新鲜的水。

红茶
100摄氏度

普洱茶和乌龙茶
95摄氏度

白茶和黄茶
80摄氏度

绿茶
75摄氏度

　　如果你没有温控水壶，可以先把水煮沸，然后打开壶盖，静置 5 分钟，这时候的水温可以用来冲泡绿茶、白茶和黄茶；而乌龙茶在放置 3 分钟后就可以冲泡；普洱茶和其他黑茶放置 2 分钟后就可以冲泡。

pH值为7的中性水，溶解类矿物含量低，没有氯和其他气体气味，是最佳泡茶用水。

泡茶器具

茶叶店会售卖各式各样的泡茶器具，旨在提供一流的饮茶体验。如果是冲泡散装茶，茶叶需要足够的冲泡空间，以下茶具是最佳选择。

带滤茶器的瓷质茶壶

这款经典的茶壶有多种尺寸。其中3杯容量的茶壶（750毫升）可以供两人饮用，还能剩余一点茶水供续杯之用。泡茶时把热水从25厘米的高度浇注到壶中，这样水就会"推动"茶叶上下翻腾，加速茶叶中香气和味道的释放。为了避免茶水太苦，沏好茶后就把滤网取出。

壶盖

滤网

壶嘴

不锈钢壶嘴滤网

壶嘴带滤网的玻璃茶壶

玻璃茶壶具有其他带有过滤功能的茶壶的所有便利性。此外还有一个好处，就是能够看到茶叶在水中翻腾起落，并能观赏到茶汤的颜色。不锈钢螺旋式壶嘴过滤器可以在倒茶时有效过滤茶汤。

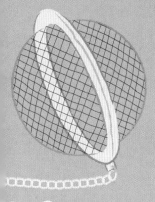

球形茶滤

　　这种泡茶滤网形式多样，有经典的球形，也有各种新奇的形状，大多数是挂在杯子或茶壶的侧面。各种形状的茶滤都能很好地实现泡茶的功能，不过有的会抑制叶片的舒展，所以要确保滤网里有足够的空间，不要把干茶装得太满。

滤网

杯盖

带有预设温度的面板

不锈钢滤网杯

　　用带不锈钢滤网的马克杯泡茶更容易清洗，所以它是一种很理想的泡茶工具。其功能相当优秀，给了茶叶足够的释放味道的空间。带盖子的滤网保留了茶叶散发出来的香气，能够达到最好的冲泡效果。

控温水壶

　　这种水壶为不同的茶类设定好了冲泡的温度，使用起来十分便利，只需要选择茶的类型，然后按下按键就可以了。有的控温水壶还设有不同的温度档位，这就有必要了解冲泡每种茶的最佳温度（见第 42 ～ 47 页）。有的水壶也可以直接用来泡茶。

盖碗

　　盖碗是一种传统的中国茶具，由一个带盖的茶碗和一个茶托组成，可以装175毫升的水，容量和传统的陶瓷茶杯一样大。泡茶时，将茶叶放在盖碗中，加水，让茶叶充分浸泡。用盖碗泡茶，标准冲泡时间可以适当缩短一些，因为盖碗的形状特殊，其圆弧形的盖子可以使空气充分流动和凝结，而容器向顶部加宽，让茶叶有足够的空间释放其味道。往茶杯里倒茶时，将碗盖稍稍倾斜，挡住茶叶，将茶叶留在碗里，用于下一次冲泡。在中国，也有人直接用盖碗喝茶。

盖

碗

托

双层玻璃杯

　　这些杯子由手工吹制的玻璃制成，两层玻璃之间的空气可以起到保温的功效。不过，喝第一口时要小心，杯子可能摸起来是凉的，但里面的茶水可能会很烫。

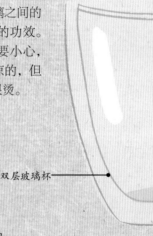

双层玻璃杯

压杆滤网

法式滤压壶

　　法式滤压壶是一种经典的咖啡壶，也常用来泡茶，两者使用方法相同。将干茶放入压壶，倒入热水，在建议的冲泡时间内进行冲泡，然后按下压杆，用力要轻。压杆滤网应将茶叶和水分离，但不能损坏茶叶，以免影响下一次冲泡。茶泡好后，将所有茶汤从壶中倒出，以防茶叶浸泡过度。

智能泡茶机

　　这种泡茶机通常由不含双酚 A 的塑料制成，容量刚好可以沏一杯茶。把茶叶放入泡茶机，加水冲泡，然后把泡茶机放在茶壶或茶杯上，茶水会自动流出。想要停止倒茶，只需将它拿起来。智能泡茶机使用很方便，深受茶室和茶店的喜爱，但比茶壶难清洗。

内置滤网

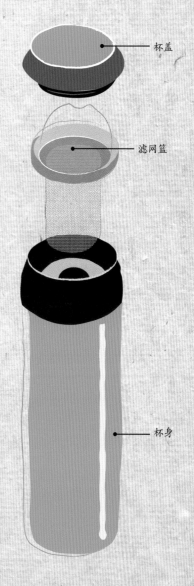

杯盖

滤网篮

旅行茶杯

　　市面上有各种各样的旅行茶杯，用来满足人们在旅途中喝茶的需求。大多数旅行茶杯有保温功能，可以保持茶汤的温度。有的茶杯内胆是玻璃的，但大多数是不锈钢的。配置最好的旅行茶杯带有滤网篮。它就像一个移动的带滤网的茶壶。把干茶放入滤网篮中，倒入热水，盖紧盖子，将茶杯倒置进行浸泡。

杯身

泡茶新法

　　现在有很多新式泡茶设备，有的简约流畅，有的造型千奇百怪。但它们都能泡出一杯好茶，非常值得一试。

热泡器

　　传统上，茶是用热水冲泡的，也是以用热水冲泡为前提进行加工的。现在出了一些创新的泡茶器具，可以取代传统茶壶，并能取得同样的冲泡效果。

摇茶器

　　摇茶器的概念既简约又出色。这种茶具由两部分组成，中间通过一个不锈钢过滤器相连接。摇茶器的外形就像一个经典的沙漏。把茶叶放入顶部隔间，加入热水，盖上盖子，再将其翻转倒置，进行冲泡。达到冲泡所需时间后，再次翻转它并来回摇晃，让茶叶通过过滤器进入底部隔间。

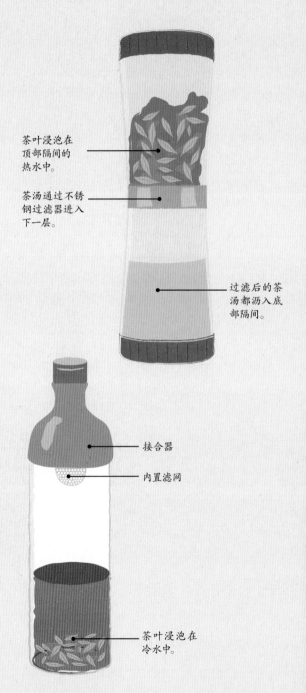

茶叶浸泡在顶部隔间的热水中。

茶汤通过不锈钢过滤器进入下一层。

过滤后的茶汤都沥入底部隔间。

接合器

内置滤网

茶叶浸泡在冷水中。

冷泡器

　　这类茶具是为长时间泡茶而设计的，能让茶叶慢慢释放出它们的味道。虽然这似乎与用热水冲泡茶叶的传统背道而驰，但冷水能泡出更轻盈的茶汤以及更柔和、更甜美的味道。这种方法对绿茶和黄茶的效果特别好，也是冲泡大吉岭红茶的一种新尝试。

单杯式泡茶器

　　这种冷泡茶器有多种形状，使用起来十分方便。将干茶放入其中，加入冷水，拧上带有内置滤网的接合器，放在冰箱里泡2～3个小时，之后通过接合器倒出茶水。除了内置滤网，一些泡茶器有可拆卸的滤网，用来盛放茶叶。如果使用的是后者，倒茶前要先把滤网拿掉。

塔形冷泡器

　　塔形冷泡器由烧杯和玻璃管组成，看上去就像实验室设备。其高度为 90 ~ 120 厘米，由于尺寸太大，无法放进冰箱。将茶叶放在中间的烧杯里。将冷水倒入顶部的烧杯中，加入冰块以保持低温状态。冰水会穿过茶叶，沿着弯曲的玻璃管流向底部的烧杯。整个过程对于白茶来说大约需要 2 个小时。螺旋阀可以调节滴水速度，延长浸泡时间。泡绿茶、黄茶和轻发酵乌龙茶需要 3 个小时，烘焙乌龙茶则要增加到 4 个小时。普洱茶和红茶所需的浸泡时间最长，约为 5 个小时。

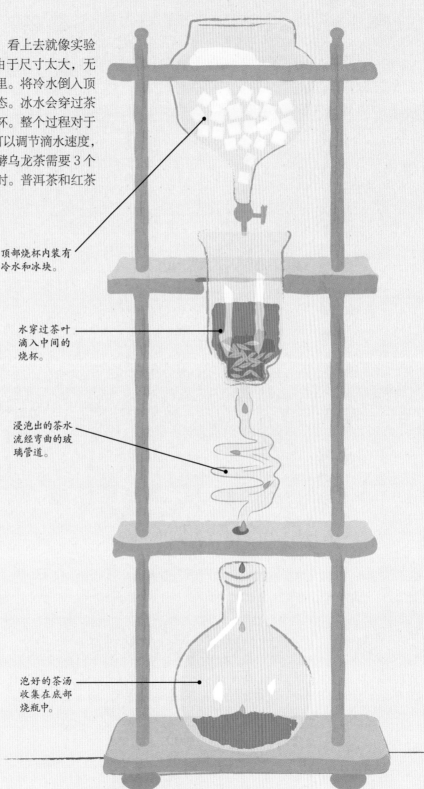

顶部烧杯内装有冷水和冰块。

水穿过茶叶滴入中间的烧杯。

浸泡出的茶水流经弯曲的玻璃管道。

泡好的茶汤收集在底部烧瓶中。

冷水泡茶使用的茶叶要比热水泡茶时多 50%，且不会释放那么多儿茶素和咖啡因，因此泡出的茶水更为甘醇。

冷水泡茶需要的能量更少，所以碳足迹也更小。

拼配茶

拼配茶始于 400 年前的中国福建省，当时散装茶叶取代了紧压的砖茶，并开始在茶中窨入茉莉和其他花卉来提味增香。如今虽然经典的拼配茶依然流行，但也出现了一些水果和鲜花混合的新式拼配茶。你可以尝试用下面这些配方制作自己专属的拼配茶。

拼配茶有两种方式：商业拼配和特色拼配。商业拼配涉及多达 30 ~ 40 种不同产地的茶叶，可以为行业提供四季风味不变的袋泡茶。拼配大师每天品尝来自各个茶叶产地的数百种茶叶，以调配出一个口感稳定的配方，目的是在今年调制出与去年和前年风味相同的拼配茶。而特色拼配茶是将几种不同产地的茶叶混合在一起，通常会加入干果、香料或花卉。在商业制作中，通常会在茶叶上喷洒额外的香料和香精，然后把它们放在搅拌桶里搅拌，当然你也可以在家里用碗进行搅拌。以下所有的配方都是基于制作 200 克的拼配茶来设计的。

传统拼配

大多数爱茶人对下列这些拼配茶都很熟悉，其中一些经典配方已经沿用了几个世纪。除玄米茶外，其他都可以加牛奶调饮。试试下面的配方，也可以调整拼配比例，调制出你的专属配方。

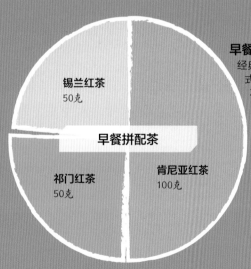

锡兰红茶
50克

早餐拼配茶

祁门红茶
50克

肯尼亚红茶
100克

早餐拼配茶

经典早餐茶有多种版本的拼配配方。最常见的是英式早餐茶，由印度红茶、锡兰红茶和肯尼亚红茶按不同比例拼配而成。爱尔兰早餐茶使用阿萨姆红茶进行拼配，因此味道浓烈。早餐拼配茶通常是根据其所在地区的水的软硬度进行调配的，其配方需要严格保密。对于一些有名望的茶叶公司，该公司的拼配茶配方是秘而不宣的商业机密。

玄米茶

玄米茶在日本被称为"人民的茶"，由煎茶和炒米混合而成。传统上是为了节省喝茶成本，才在茶中加入炒米的，但现在因其味道广受人们的喜爱，偶尔会有几粒爆米花混入茶中，这也是它被称为"爆米花茶"的原因。这里有一个简单的配方，你可以按照它来做玄米茶中的炒米。将短粒白米洗净，放入铸铁煎锅，用小火焙炒 10 ~ 15 分钟，炒至金黄色。待炒米冷却后，再将其与日本煎茶混合。

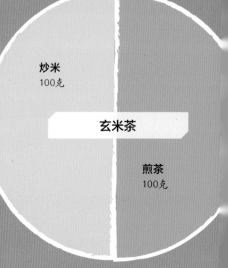

炒米
100克

玄米茶

煎茶
100克

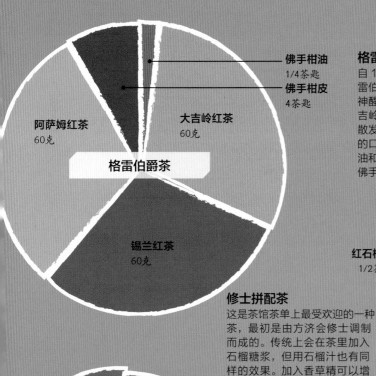

佛手柑油
1/4 茶匙

佛手柑皮
4 茶匙

阿萨姆红茶
60 克

大吉岭红茶
60 克

格雷伯爵茶

锡兰红茶
60 克

格雷伯爵茶

自 1830 年格雷伯爵被任命为英国首相以来，格雷伯爵茶便以不同的口感延续至今。这是一款提神醒脑的经典拼配茶，由 3 种红茶调配而成。大吉岭红茶和锡兰红茶给茶汤带来了明亮的色泽，散发着麦芽香的阿萨姆红茶给茶汤增加了更醇厚的口感，而伯爵茶的特殊香味来自添加的佛手柑油和佛手柑皮。自己制作时也可以用橘子皮代替佛手柑皮。

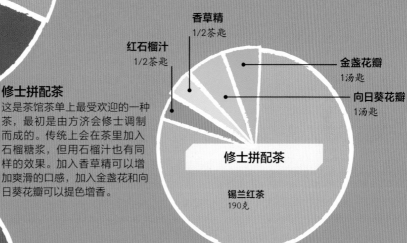

香草精
1/2 茶匙

红石榴汁
1/2 茶匙

金盏花瓣
1 汤匙

向日葵花瓣
1 汤匙

修士拼配茶

锡兰红茶
190 克

修士拼配茶

这是茶馆茶单上最受欢迎的一种茶，最初是由方济会修士调制而成的。传统上会在茶里加入石榴糖浆，但用石榴汁也有同样的效果。加入香草精可以增加爽滑的口感，加入金盏花和向日葵花瓣可以提色增香。

正山小种
40 克

俄罗斯商队茶

烘焙乌龙茶
40 克

祁门红茶
120 克

俄罗斯商队茶

这种拼配茶由祁门红茶、正山小种和烘焙乌龙茶 3 种中国茶制成，以此致敬 19 世纪将茶叶和其他商品从中国运往俄罗斯的骆驼商队。这段商路十分漫长，通常要耗费数月的时间，茶叶在途中要经受篝火的烟熏，有时还暴露在恶劣的天气中。这种茶会让人想起炭火的香气和淡淡的烟熏味，对于那些不喜欢正山小种的松烟味道的人来说，俄罗斯商队茶是一种替代品。

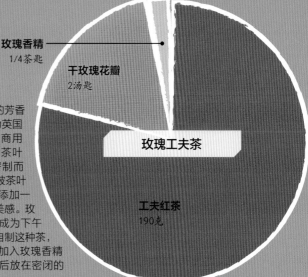

玫瑰香精
1/4 茶匙

干玫瑰花瓣
2 汤匙

玫瑰工夫茶

工夫红茶
190 克

玫瑰工夫茶

玫瑰工夫茶是中国传统的芳香花茶，在 18 世纪曾成为英国流行一时的进口产品。商用玫瑰工夫茶是用干燥的茶叶和玫瑰花瓣分层铺放窨制而成，直到玫瑰花的精油被茶叶吸附。通常也会在茶中添加一些玫瑰花瓣，增加视觉美感。玫瑰的甜味使这款拼配茶成为下午茶的热门选择。如果想自制这种茶，可以在中国工夫红茶中加入玫瑰香精和干燥的玫瑰花瓣，然后放在密闭的容器中静置数天。

当代拼配茶

近年来，泡茶时加入鲜果、果干和鲜花的趋势逐渐流行起来，人们对这种拼配茶（也称调饮茶）的需求也越来越大。这种拼配茶的特点是浓郁、甘甜和果香味十足，通常以糕点和布丁命名，当下十分受欢迎，甚至被单独列为一种新的茶类——甜品茶。它们有时也被称为"茶味饮料"，因为一些不喜欢喝茶的人可能会觉得它们美味可口。这些茶看起来色泽美观，冷饮时口感极佳，作为烘焙的原料也非常合适。

制作这种拼配茶没必要使用优质茶叶，因为拼配后的味道会掩盖茶叶的微妙味道。一个好的拼配茶配方的诀窍是使用味道和谐的原料，而不是让它们争奇斗艳。有个很好的经验法则，如果这些原料加在一起可以做成甜品，那么以红茶为主原料，将它们混合在一起就能制成很好的拼配茶。以下是一些可以在家中制作的美味甜品茶，温度和冲泡时间均参照作为主原料的红茶所需的冲泡温度和时间。

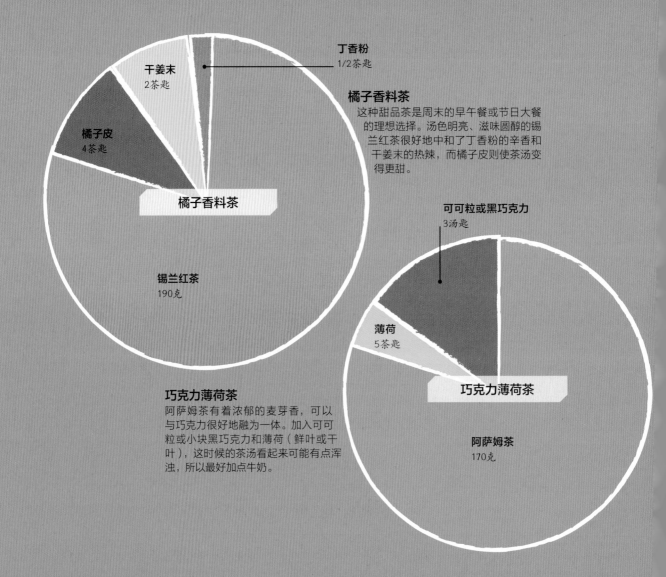

丁香粉
1/2茶匙

干姜末
2茶匙

橘子皮
4茶匙

橘子香料茶

这种甜品茶是周末的早午餐或节日大餐的理想选择。汤色明亮、滋味圆醇的锡兰红茶很好地中和了丁香粉的辛香和干姜末的热辣，而橘子皮则使茶汤变得更甜。

锡兰红茶
190克

可可粒或黑巧克力
3汤匙

薄荷
5茶匙

巧克力薄荷茶

巧克力薄荷茶

阿萨姆茶有着浓郁的麦芽香，可以与巧克力很好地融为一体。加入可可粒或小块黑巧克力和薄荷（鲜叶或干叶），这时候的茶汤看起来可能有点浑浊，所以最好加点牛奶。

阿萨姆茶
170克

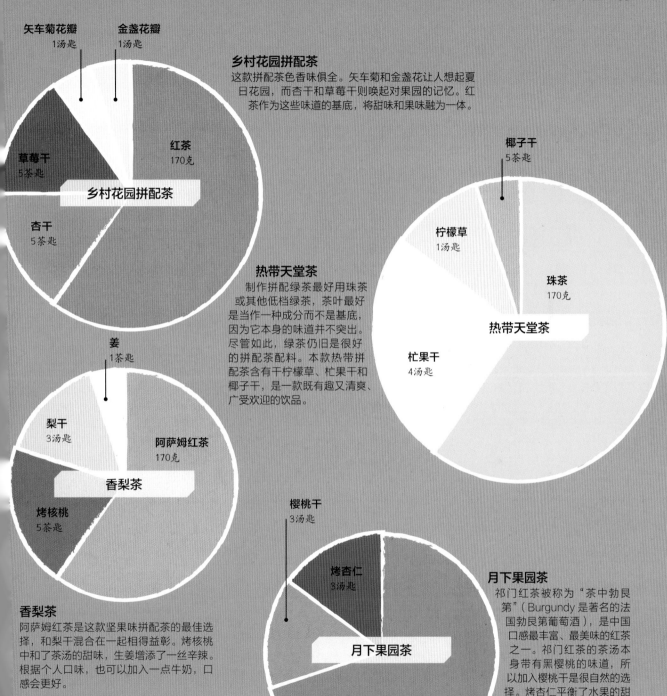

矢车菊花瓣
1汤匙

金盏花瓣
1汤匙

红茶
170克

草莓干
5茶匙

乡村花园拼配茶

杏干
5茶匙

乡村花园拼配茶
这款拼配茶色香味俱全。矢车菊和金盏花让人想起夏日花园，而杏干和草莓干则唤起对果园的记忆。红茶作为这些味道的基底，将甜味和果味融为一体。

椰子干
5茶匙

柠檬草
1汤匙

珠茶
170克

热带天堂茶

杧果干
4汤匙

热带天堂茶
制作拼配绿茶最好用珠茶或其他低档绿茶，茶叶最好是当作一种成分而不是基底，因为它本身的味道并不突出。尽管如此，绿茶仍旧是很好的拼配茶配料。本款热带拼配茶含有干柠檬草、杧果干和椰子干，是一款既有趣又清爽、广受欢迎的饮品。

姜
1茶匙

梨干
3汤匙

阿萨姆红茶
170克

香梨茶

烤核桃
5茶匙

香梨茶
阿萨姆红茶是这款坚果味拼配茶的最佳选择，和梨干混合在一起相得益彰。烤核桃中和了茶汤的甜味，生姜增添了一丝辛辣。根据个人口味，也可以加入一点牛奶，口感会更好。

樱桃干
3汤匙

烤杏仁
3汤匙

月下果园茶

祁门红茶
165克

月下果园茶
祁门红茶被称为"茶中勃艮第"（Burgundy 是著名的法国勃艮第葡萄酒），是中国口感最丰富、最美味的红茶之一。祁门红茶的茶汤本身带有黑樱桃的味道，所以加入樱桃干是很自然的选择。烤杏仁平衡了水果的甜和坚果的香，而它们的天然油脂又为茶汤增加了细腻柔滑的口感。

世界各地的茶

茶的历史

茶叶最早发现于亚洲，后传播到世界各地，并成为广受欢迎的一种饮品。这种饮品不仅以其提神醒脑的功效而知名，而且它还有着辉煌的历史，引发过革命与战争。

普洱茶饼

茶的起源

茶起源于公元前 2737 年的中国，据传最早发现茶的是神农氏。一天，当他正在一棵树下休息、生火烧水时，头顶的叶片落入了煮沸的水中，随之他被弥漫开来的香气所吸引，尝了一口以后，顿觉神清气爽，茶由此被发现。

茶的传播

唐朝时期（618—907年）入华求法的日本、朝鲜僧侣将茶树种子带回本国，促进了本国茶文化的形成和传播。

唐代茶学大师陆羽

公元前2737年
神农氏发现茶。

760—762年
唐代茶学大师陆羽编著《茶经》一书。

828年
茶树种子传到今朝鲜半岛，被种在朝鲜半岛南端靠近华盖村的智异山。

茶文化发展时间轴

公元402年
佛教僧侣饮茶坐禅，开始奉行"禅茶一味"。

618—907年
唐代建成了中国古代著名的茶马古道，连接茶叶产地云南和中国的广大饮茶区。

茶树种植

公元 420 年之前，中国的佛教僧侣饮茶坐禅，用以提神凝气。他们在寺庙附近种植茶树，然后将茶叶压制成茶砖，在当地出售。后来，农人们学会了种茶和制茶，茶逐渐成为人们的日常饮品。

茶叶贸易

图中红色标注的茶马古道连接旧时的中国茶产区和蒙古。当时的中国人通过这条路线输出茶饼、茶砖，交换骏马，用于交通和运输。

西藏自治区   四   川

中 华 人 民 共 和

云   南

⟶ 茶马古道路线

蒙古奶茶
咸味奶茶至今仍是蒙古人饮食的重要组成部分。

蒙古入侵

　　1271 年蒙古人入侵中原，并建立了元朝（1271—1368 年）。由于蒙古统治者对中原高雅的饮茶习俗不感兴趣，他们仍推崇自己粗犷的饮茶方式，唐宋沿袭下来的点茶文化开始消亡。到了明朝（1368—1644 年），茶叶加工方式发生了演变，散茶逐渐替代压制的饼茶和砖茶。

1610年
葡萄牙开始从中国进口茶叶。

1658年
伦敦的一家咖啡馆在报纸上为本店销售的"中国饮品"刊登广告。当时英国市场上仅有少量茶叶供应。

1271年
蒙古入侵中原，宋朝流行一时的点茶法逐渐消失。

16世纪90年代
来华的葡萄牙传教士写信回国，描述了中国的茶叶。

1619年
荷兰在巴达维亚（今印度尼西亚的雅加达）建立贸易港，用于欧洲的茶叶进出口贸易。

1664年
东印度公司开始从中国进口茶叶，经爪哇岛运往英国本土。

东印度公司

　　英国东印度公司成立于 1600 年，后来从一家股份制公司逐渐发展成为势力强大的大型垄断公司，控制着全球一半的贸易。东印度公司最初进口的茶叶都是来自中国，后来开始在其他地方筹建自己的茶园，为英国本土和其殖民地提供货源。

欧洲茶热

　　16 世纪的葡萄牙是欧洲第一个开始饮茶的国家，但是，是荷兰人推广了茶。荷兰成为当时最大的茶叶进口国，并开始与欧洲其他国家进行茶叶贸易。由于当时的茶叶价格高昂，茶仅为上流社会才能享受的奢侈饮品。

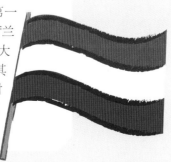

阿萨姆红茶

布拉甘扎公主的嫁妆

　　1662 年，葡萄牙布拉甘扎王朝的凯瑟琳公主嫁给英王查理二世，她的陪嫁非常丰厚，其中包括几箱茶叶。当时茶在孟买港和葡萄牙贵族中已成为一种时尚饮品，而孟买港后来成为远东的贸易中心，东印度公司从那里向全球各地输出茶叶。当时茶在英国还不流行，但是对茶情有独钟的凯瑟琳皇后推动了茶在英国宫廷的传播。

俄罗斯红茶

茶于1638年传到俄国，但直到骆驼商队形成之后，俄国市场上才有了稳定的茶叶供应。

茶之得名

　　由于欧洲茶商最早跟操着厦门口音的中国茶商进行贸易，就沿用了他们的发音"tay"来指代茶，英语中的"tea"由此形成，而法语中的"thé"，荷兰语中的"thee"，以及德语中的"Tee"皆源于此。

1662年
英王查理二世迎娶葡萄牙布拉甘扎王朝的公主凯瑟琳，饮茶风尚随之风靡英国上流社会。

1689年
从事茶叶贸易的骆驼商队穿越西伯利亚，将当时的俄国和蒙古连接起来，促进了茶的传播。

1676年
茶叶消费量增加，英王查理二世将茶税提高到119%。

1773年
对美洲殖民地征收的高额茶税引发了"波士顿倾茶事件"，一艘运茶船上的茶叶被倒进海水中。

英属殖民地

　　尽管茶税很高，但茶在北美殖民地的消费量很大。为抗议英国政府的税收政策，1773 年 12 月 16 日，北美殖民者将一艘运茶船上满载的茶叶倒进了波士顿海湾。"波士顿倾茶事件"最终导致美国独立战争（1775—1783 年）的爆发。

茶叶走私

　　英国的高额茶税导致茶叶走私盛行，茶叶经英吉利海峡和马恩岛走私到英国。尽管 18 世纪早期走私盛行一时，但是个体走私贩规模很小，他们每次只能用小船或划艇将不到 60 箱的茶叶偷运上岸。

偷师中国

尽管在印度发现了本土茶树，但东印度公司更喜欢中国的茶树。因为中国种茶树比阿萨姆种茶树的适应性更好，它能耐得住大吉岭地区较低的气温和高海拔的气候条件。植物学家罗伯特·福琼被派往中国获取茶树的插穗、种子和种植加工知识。1848—1851年，福琼成功地将茶树种子和幼苗偷偷带出，运往印度。

中国盖碗

鸦片战争

英国在印度建立了自己的茶园后，东印度公司与中国的茶叶贸易并没有终止。东印度公司将在印度种植的鸦片贩卖到中国换取白银，又拿白银购买中国的茶叶。到了19世纪20年代，吸食鸦片的现象在中国已经非常严重，中国政府开始查禁鸦片，但鸦片贸易并没有终止，两国矛盾不断激化，1839—1860年，中英两国之间爆发了两次鸦片战争。

1778年
自然学家约瑟夫·班克斯建议英国政府在印度东北部种植茶叶。

1823年
印度阿萨姆首次发现野生阿萨姆种茶树。

1837年
美国开始直接与中国进行茶叶贸易。

1839—1860年
鸦片战争

1784年
英国首相威廉·皮特将茶税从119%降到12.5%，使得普通民众也能喝得起茶。

1835年
首次在阿萨姆使用本地阿萨姆种的插穗繁育茶树。

1838年
阿萨姆最早生产的一小批茶叶被运往伦敦进行评估。

大众饮品

18世纪的英国，茶叶价格居高不下，远超出工人阶级的承受能力，政府在1784年降低茶叶关税，有效地制止了茶叶走私，同时也让茶成为普通大众消费得起的饮品。

工人阶级消费的是低档的茶叶，配着面包、黄油和乳酪，他们将茶融入自己的一日三餐。由于茶取代了餐桌上的啤酒，人们的身心健康都得到了改善。

印度的茶树

从中国进口茶叶之路航程远、耗时长、价格高，导致两国贸易不均衡。这种局面使东印度公司意识到，必须在印度开设自己的茶园才能获得稳定的茶叶来源。1835年，东印度公司在印度阿萨姆种下了第一批茶树，但大规模的采摘在10年之后才得以实现。19世纪70年代，阿萨姆和大吉岭涌现出越来越多的私人茶园，供应的茶叶比从中国进口货源更充足，价格更便宜。

瓷器

18世纪中期的欧洲工匠完善了陶瓷制作工艺，到了19世纪中叶，为满足盛行一时的下午茶对茶具的需求，骨瓷制作在欧洲尤其是英国异军突起。

大吉岭茶

骨瓷
镶着金边的精致的骨瓷茶杯和茶碟，夜晚在灯光下熠熠生辉。

苏伊士运河

1869年，苏伊士运河开通，通过苏伊士运河用蒸汽船从亚洲产茶国向英国和美国进口茶叶，大大节约了运输成本。蒸汽船速度更快，装载量更大，运输时间更短，西方人从此喝上了更新鲜、更优质的茶。

1840年
英国初次尝试在锡兰（今斯里兰卡）种植茶树，但没有取得成功。

1869年
苏伊士运河的开通和蒸汽船的出现，缩短了欧美往返亚洲的航行时间，节约了运输成本。同年，由于咖啡种植遭受咖啡锈病的破坏，锡兰的咖啡种植园开始改种茶树。

19世纪40年代
飞剪船缩短了美国从中国进口茶叶的航行时间。

1869年
英国开始在斯里兰卡种植茶树，足量供应导致茶叶价格大幅下降。

1872年
第一批蒸汽转子揉捻机在阿萨姆投入使用，缩短了茶叶加工的时间，降低了成本。

海上运茶

19世纪上半叶，运输茶叶的商船需要经非洲南端好望角才能到达英国和美国。新发明的飞剪船呈流线型设计，船身低，且配有风帆，最大时速可达20节，比原来运茶的商船快了一倍。最后一艘运茶的商船"卡地萨克"号于1877年完成了自己的使命。

印度茶

19世纪下半叶，茶叶种植园在印度发展迅猛。在维多利亚时代（1837—1901年），每年都有土地被清理出来种植茶树。印度生产的优质红茶畅销欧洲、澳大利亚和北美。

飞剪船

茶道受阻
第二次世界大战之前，中国和日本的绿茶占北美茶叶消费总量的40%。

茶歇

　　19世纪末，随着工业革命的全面展开，工人的工作时间延长。在上午和下午的休息时间，雇主开始为工人提供免费茶饮，称之为"茶歇"。后来，仆佣们也开始领取喝茶补贴。

第二次世界大战

　　第二次世界大战期间，茶在鼓舞英国士兵的士气方面发挥了重要作用。当时因物资短缺，对普通民众实行定额发放茶叶政策，每人每周只发放56克茶叶，其余的茶叶都分配给了军队和应急服务人员。
　　战争使通往北美的运茶航线被破坏，只有红茶才能穿过大西洋运到美洲。到战争结束时，北美民众已经习惯于消费红茶。直到多年以后，绿茶才重返北美市场。

1908年
纽约茶商托马斯·沙利文把茶放在丝绸包里作为样品寄给消费者，无意中使袋泡茶流行开来。

1939—1945年
第二次世界大战期间，主要的茶叶贸易线路被阻断，实行定额发放茶叶政策。

19世纪60年代至今
饮茶热持续升温，如今茶已经是仅次于水的第二大饮品。

1910年
印度尼西亚开始种植茶树。

1920年
袋泡茶走向市场。

1957年
转子揉切机问世，茶叶加工更加高效。

下午茶

　　19世纪末，下午茶已经风靡英国，成为上流社会和中产阶级生活的一个组成部分。
　　女士们身着特制的茶礼服在家招待朋友喝茶，这种茶礼服无紧身褡，柔软轻飘，舒适美观。街上也出现了一些茶店，这些茶店成为早期妇女参政论政的聚会场所。

茶叶种植园
图为印度南部喀拉拉邦海拔1600米的慕那尔茶园，茶树生长繁茂。

下午茶

下午茶是英国的传统习俗，刚开始仅是小点心配茶，后来逐渐演变成一顿大餐，并成为风靡全球的一种时尚。如今各地都在推出适合本土的经典下午茶。

下午茶的起源

下午茶习俗形成于19世纪40年代。当时英国上层家庭已经开始使用气灯照明，因此推迟晚餐用餐时间成为可能，也成为一种时尚。当时人们每天通常只吃早晚两餐，因为晚餐时间延迟，下午不能进食的时间就比较漫长。一位在社交圈很有影响力的贵族——贝德福德公爵夫人，在下午4点左右会用小点心佐茶来垫垫肚子。后来，公爵夫人开始邀请朋友到自己位于贝德福德郡沃本庄园的房间里一起喝茶。很快，贵族女士的室内下午茶延伸到客厅，逐渐演变成一种时尚，并在英国本土和英属殖民地传播开来。

下午茶的盛行使得骨瓷茶具和瓷器的需求增加，世界各地的陶瓷制造业开始蓬勃发展。20世纪50年代，下午茶在北美的发展达到了顶峰，当时的美国作家艾米丽·波斯特曾写过一篇文章，讲述下午茶的礼仪。

传统下午茶是在傍晚开始的，如今的下午茶是在下午2点到5点，可以取代午餐和晚餐。近年来，人们对茶的兴趣开始复苏，世界各地的酒店、咖啡馆和茶馆都会举办一些主题下午茶会，并供应美味甜点和菜肴。

下午茶礼仪

下午茶的习俗在英国文化中根深蒂固，但对于享用下午茶的正确方式，人们的意见不一。争论的焦点之一是如何食用司康饼，是切成薄片呢，还是用手撕呢？是像康沃尔郡那样先抹奶油呢，还是像德文郡那样先抹果酱呢？是把牛奶倒进茶里，还是把茶倒进牛奶里呢？

传统下午茶一般选用浓郁的红茶，如大吉岭红茶或阿萨姆红茶。拼配下午茶和经典拼配茶也很受欢迎，如伯爵茶等。茶里可以加牛奶、柠檬或糖。佐茶的通常有柔软的黄瓜三明治，或熏鲑鱼奶酪三明治等，以及涂着果酱和浓缩奶油的司康饼和酥皮饼。茶点是配着茶一起上的。

今天的下午茶更趋向多样化，菜单更加丰富。人们可以品尝到来自世界各地的精品茶，包括日本和中国的绿茶、乌龙茶、定制拼配茶以及果茶和花草茶。下午茶配香槟现在也很常见。世界各地的下午茶茶点因地而异，在不同的地方，你可以品尝到点心、海鲜、什锦小吃以及马卡龙、蛋糕等烘焙糕点。

牛奶加茶

在倒茶之前先放入牛奶的确有很多好处，过去人们通常认为凉牛奶有助于降低热茶的温度，从而保护脆弱的骨瓷杯。但是招待客人时先上茶更为合适，让客人按照自己的口味自助加奶或糖也更礼貌。

下午茶虽然看似英国茶文化的缩影，但并非英国人每日的必需品，通常人们只是偶尔或是为了庆祝某个特殊的事件时才享用一次。

中国

中国位于亚洲东部、太平洋的西岸。在中国分布着大面积的山地茶园。早在几千年前，中国人就发明了茶饮。今天我们所了解的所有种茶的知识都是从中国传播开来的。

中国是世界上最大的茶叶生产国，但大部分茶叶供给国内消费市场，出口的茶叶量相对较少。这就促使西方一些投机的茶叶零售商致力于与中国茶农建立密切的关系，以便为他们的客户获得优质茶源。

中国生产的茶叶种类是世界上最多的，这里有着4000多年的茶叶生产史，因此中国茶人在茶树种植和茶叶加工方面有着非常丰富的经验。今天在中国依然是手工采茶，加工茶叶也仍旧沿用传统制茶法（见第21页）。

有的茶叶制造商可能会通过调整加工工序，打造自己品牌的特色茶，这种现象仅限于绿茶生产。

尽管多数中国茶叶生产商仅以本地茶鲜叶为原料加工某些茶类，但也有不少人在做别的尝试。例如，用通常制作绿茶的茶树鲜叶制作红茶，引种日本数北种茶树生产抹茶。

安吉白茶

中国茶叶小知识

占全球茶叶生产总量的比例	主要茶叶品类
37.4%	绿茶、乌龙茶、白茶、红茶、普洱茶、黄茶
海拔	
中海拔—高海拔	
其他产茶大省	**采摘时间**
安徽、广东、湖北、台湾	3—5月

全球排名

全球最大的茶叶生产国

安吉白茶是浙江省安吉县生产的一种绿茶。因其嫩叶白化而得名白茶。

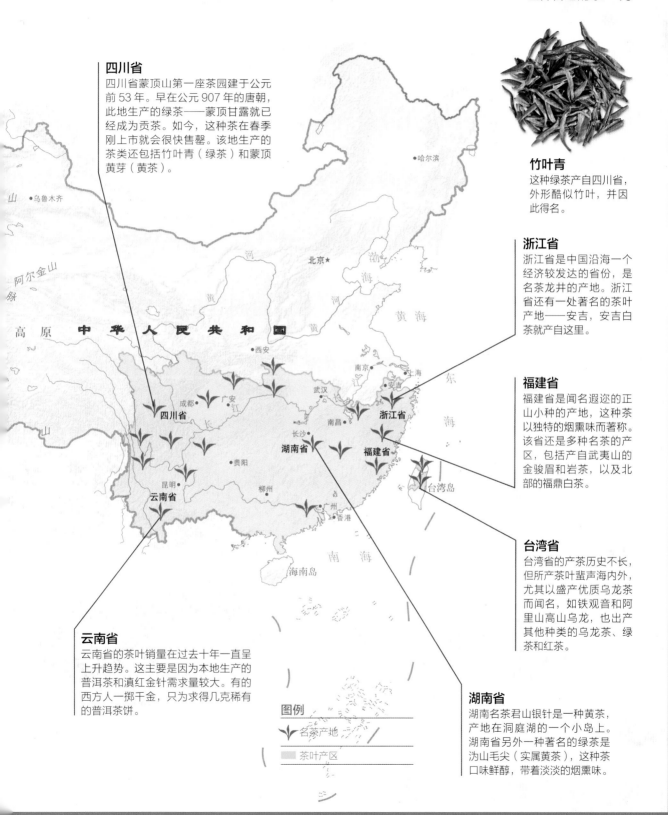

四川省

四川省蒙顶山第一座茶园建于公元前 53 年。早在公元 907 年的唐朝，此地生产的绿茶——蒙顶甘露就已经成为贡茶。如今，这种茶在春季刚上市就会很快售罄。该地生产的茶类还包括竹叶青（绿茶）和蒙顶黄芽（黄茶）。

竹叶青

这种绿茶产自四川省，外形酷似竹叶，并因此得名。

浙江省

浙江省是中国沿海一个经济较发达的省份，是名茶龙井的产地。浙江省还有一处著名的茶叶产地——安吉，安吉白茶就产自这里。

福建省

福建省是闻名遐迩的正山小种的产地，这种茶以独特的烟熏味而著称。该省还是多种名茶的产区，包括产自武夷山的金骏眉和岩茶，以及北部的福鼎白茶。

台湾省

台湾省的产茶历史不长，但所产茶叶蜚声海内外，尤其以盛产优质乌龙茶而闻名，如铁观音和阿里山高山乌龙，也出产其他种类的乌龙茶、绿茶和红茶。

湖南省

湖南名茶君山银针是一种黄茶，产地在洞庭湖的一个小岛上。湖南省另外一种著名的绿茶是沩山毛尖（实属黄茶），这种茶口味鲜醇，带着淡淡的烟熏味。

云南省

云南省的茶叶销量在过去十年一直呈上升趋势。这主要是因为本地生产的普洱茶和滇红金针需求量较大。有的西方人一掷千金，只为求得几克稀有的普洱茶饼。

图例

名茶产地

茶叶产区

中国茶文化

几千年来，茶在中国人的生活中一直占据着重要的地位。近几个世纪以来，茶文化和茶习俗已逐渐演变成一种艺术形式。对今天的中国人来说，茶不仅是一种保健饮料，还能激发灵感。

古代的茶

在长达 2000 多年的时间里，中国是世界上唯一喝茶的国家。后来，随着丝绸之路和茶马古道的开通，茶传入了周边的一些国家。虽然茶在汉代（前 202—220 年）就已经进入人们的日常生活，但直到唐（618—907 年）宋（960—1279 年）时期才形成诸如工夫茶（见第 78 ~ 83 页）这样高雅的茶艺。唐代的茶学大师陆羽著有《茶经》一书，该书详细介绍了如何种茶、采茶和制茶。这本茶叶指南的问世是茶学史的转折点，为后世茶成为中国传统文化的一个重要组成部分奠定了基础。

茶馆

唐代已经有茶馆出现，"茶坊"（茶馆的别称）里有茶水和茶点售卖，社会各阶层的茶客来此谈天说地、吟诗会友。当时的茶坊、茶肆通常建在水上或水边。茶客可以坐在游廊上听着潺潺的流水声，欣赏着水中的锦鲤，怡情养性，品茶赋闲。

后来，茶馆逐渐从饮茶之所变成了社交场所，大的茶馆里还会张挂名人诗画，茶客在这里可以欣赏书画、看戏听曲。清朝（1644—1912 年），戏曲开始流行，一些反映茶山生活的曲目经常上演。其中，从采茶歌发展而来的江西赣南采茶戏流传至今，已有 300 多年的历史。

茶砖
为便于运输，古代中国人将茶叶压制成上图的茶砖。

竹筒运茶
在中国古代，为便于运输，通常将茶叶封装在竹筒内。

贡茶

在古代中国，最好的茶园生产的头摘茶会被皇帝钦点上贡。种植者会从中受益，因为成为贡茶会大大增加该种茶叶的销量。

制作贡茶的传统流传至今，已经演变成一年一度的十大名茶评选活动。入榜的十大名茶每年几乎没有什么变化，主要以绿茶为主，还有几款乌龙茶和一款红茶。

茶在中国的复兴

今天，茶仍然是中国人生活中的重要组成部分。出租车司机通常会在手边的杯座上放一大壶绿茶；有专门的学校给女生开设茶艺课程，学完以后，她们就可以在茶馆里从事茶艺表演工作。中国茶叶生产商也在研发适合西方人口味的红茶，2006年，武夷山地区研发出新型正山小种"金骏眉"，这种顶级红茶一经面世，便受到消费者的广泛青睐。

画扇
古代中国人饮茶时用精致的画扇摇扇纳凉。

茶文化旅游也开始流行起来，越来越多的爱茶人到福建武夷山的茶崖、浙江杭州的西湖探访茶产地，或者到云南丽江体验以茶为主题的精品酒店和餐厅。香港也因为港式奶茶（见第174页）和茶具文物馆而成为爱茶人的打卡地。世界上现存的最古老的茶壶就收藏在茶具文物馆里。

普洱茶
压制成饼状的普洱茶，外面包着棉纸。

佛教僧侣最早种植茶树，并传播相关知识。

中国工夫茶

工夫茶是一种泡茶的技法，工夫茶茶道是向制作一杯好茶所付出的时间和努力表示敬意，同时也是对茶叶加工过程和茶叶本身的一种敬意。冲泡工夫茶要用到多种茶具，从精致的瓷器到陶器，每种茶具都有着各自的用途。

"工夫"指泡茶所花的时间和精力，这种传统的泡茶方法需要娴熟的技艺，表演工夫茶道的多是女性，她们优雅的手势动作与冲泡的过程融为一体，如行云流水，一气呵成。尽管任何优质茶都可以用以表演工夫茶道，但更常用的是轻发酵的乌龙茶铁观音。

中国有两种传统的工夫茶道，一种流行于广东潮汕地区，另一种在福建武夷山。前者是把泡好的茶直接倒入品茗杯，而后者则是在分茶之前，先把泡好的茶倒进茶海，然后再分到品茗杯中。

宜兴紫砂壶是最常用的工夫茶具。这种用黏土制成的茶壶能吸附茶香，因此一个茶壶通常只用于冲泡某一种茶。用于上茶的茶具有多种选择，各式瓷杯和玻璃杯都可以。

宜兴紫砂壶
这种不上釉的茶壶产地在江苏省宜兴市，是用当地特有的一种黏土烧制而成的。使用紫砂壶泡茶，要先倒热水洗壶润壶，之后再投放茶叶。

茶则
用于量取泡茶所需的茶叶量。

茶滤
从茶壶中倒茶时用于过滤茶叶。

闻香杯
品茶之前，先把茶汤倒入这个小杯里，之后端起来吸气闻香。

茶宠
紫砂烧制的摆件，造型通常为动物或神话人物，浇上热水时会变色，寓意吉祥如意。

品茗杯
闻香后，将茶汤倒入品茗杯中品饮。

茶夹
用于夹取温杯后的闻香杯和品茗杯。

茶针
用于疏通茶壶的壶嘴。

茶洗
形似大碗，用于盛放温杯和品饮过程中倒掉的水。

公道杯
又称"茶海"，泡好的茶汤倒入公道杯可均匀浓淡，之后再分到品茗杯里。

茶匙
长柄茶匙用于将茶叶从茶则拨入壶中。

茶盘
木制或竹制的茶盘，用来盛放各种器具。茶盘下面有一个像托盘一样的抽屉，可以盛水。

茶漏
干叶经茶漏投入茶壶，避免洒落。

双杯托盘
用来盛放闻香杯和品茗杯。

茶巾
折叠使用，用于擦拭滴落的茶水，也可以用于防烫护手。

工夫茶茶道

　　福建工夫茶冲泡步骤繁复，一盏茶让主客尽欢。福建工夫茶道中有一种独特的茶具——茶海（又称公道杯），用来均匀分配茶汤。

1 主人将 85 摄氏度的热水倒入空壶，并缓慢浇注壶身，这一步是洗壶烫壶。之后将壶中的水倒入公道杯。

2 将公道杯中的水依次来回倒入闻香杯和品茗杯中烫杯清洁。然后再用茶夹夹起烫过的杯子，把杯中的水倒掉。

3 用茶则量取适量茶叶，通过木质茶漏放入茶壶，轻轻晃动茶壶以唤醒茶叶。

4 从高处把热水冲到茶壶中，然后用壶盖反复掠去浮沫。

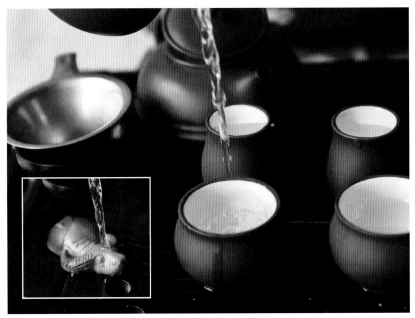

6 壶中茶叶开始舒展。润壶后，再次将热水注入茶壶，盖上壶盖，浇淋壶身，之后至少冲泡 10 秒。

5 立刻将壶中茶水倒入公道杯，再从公道杯倒入闻香杯和品茗杯中进行温杯。然后把杯中的茶水倒在茶宠上（如图）。头泡茶水通常用来洗茶醒茶、润壶温杯，之后倒掉不用。

7 使用茶夹，夹起品茗杯和闻香杯，将其中温杯的茶水倒掉。公道杯中的茶水也倒入茶洗。

8 提起茶壶，并用茶巾擦拭壶底。将壶中茶汤通过茶滤倒入公道杯。

9 将公道杯中的茶汤依次来来回回均匀地倒入闻香杯，直到倒满，但不能溢出。

10 主人将品茗杯倒扣在闻香杯上，然后用手托起，迅速翻转，将茶汤倒入品茗杯中。

11 将闻香杯扣在品茗杯上保持不动，把品茗杯放在双杯茶盘上，再取下闻香杯。

12 用双杯茶盘将闻香杯和品茗杯一起敬给客人后，主人开始第二次冲泡茶汤，第二泡要多泡5秒。

客人的角色
客人在喝茶之前，先端起闻香杯，轻嗅茶香，之后再品茶评茶。

印度

印度位于亚洲南部，三面临海，是南亚面积最大的国家。印度从传统上以其散发着麦芽香的阿萨姆红茶和大吉岭红茶而闻名。但如今也在尝试种植其他品种的茶树，如尼尔吉里的冬霜茶和大吉岭绿茶。

印度生产的茶叶占全球生产总量的22%，大部分茶叶投放国内市场，约20%出口到全球各地。20世纪初，印度国内茶叶消费群体多是上中层人士，绝大部分茶叶出口到西方国家。直到20世纪50年代CTC红茶制法（见第21页）发明以后，印度国内市场上茶叶的价格才日趋亲民。

印度的茶树种植始于19世纪，最初是为了满足英国殖民者对茶叶的需求。

东印度公司从中国偷偷运出茶树种子和幼苗之后，用中国种茶树和印度的阿萨姆种茶树进行杂交繁育。大吉岭凉爽的气候非常适合中国种茶树的生长。

除了传统的阿萨姆和大吉岭的特色红茶，印度也在开发一些知名度稍低的茶，如尼尔吉里冬霜茶。这种茶的采摘季节是在每年1月末或2月，这时候的气温骤降到零度以下，茶叶风味尤其浓厚。大吉岭的茶园也生长着不同品种的茶树，被加工成一系列香气清鲜的白茶和绿茶。

慕那尔茶园
在喀拉拉邦慕那尔附近分布着50多座茶园，占地面积约为3000公顷。

印度茶叶小知识

占全球茶叶生产总量的比例
22.3%
主要茶叶品类
红茶、绿茶、白茶

采摘时间
北方每年5—10月；南方终年都可采摘

独特之处
大英帝国时期的第一个茶树种植区

海拔
低海拔—高海拔

印度是世界第二大产茶国。

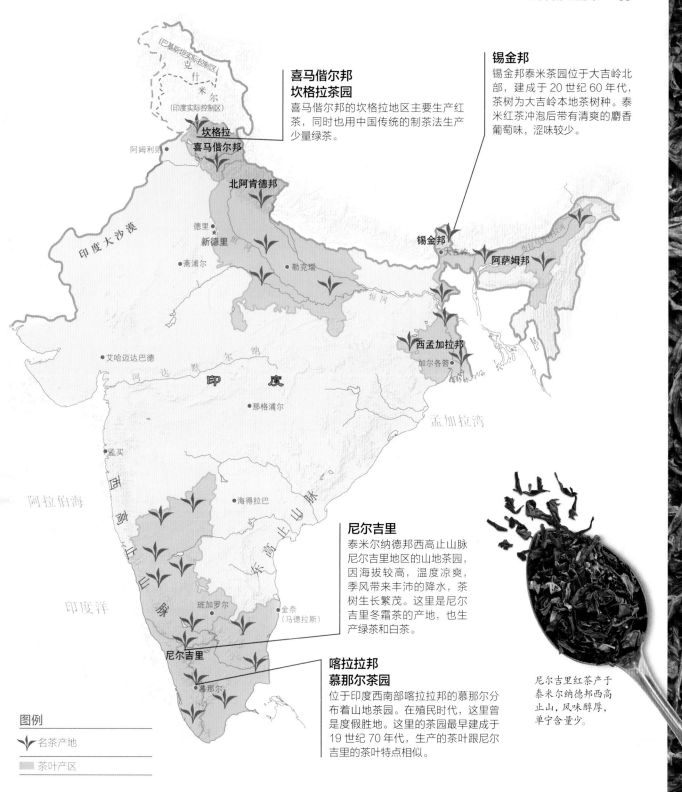

**喜马偕尔邦
坎格拉茶园**

喜马偕尔邦的坎格拉地区主要生产红茶，同时也用中国传统的制茶法生产少量绿茶。

锡金邦

锡金邦泰米茶园位于大吉岭北部，建成于 20 世纪 60 年代，茶树为大吉岭本地茶树种。泰米红茶冲泡后带有清爽的麝香葡萄味，涩味较少。

尼尔吉里

泰米尔纳德邦西高止山脉尼尔吉里地区的山地茶园，因海拔较高，温度凉爽，季风带来丰沛的降水，茶树生长繁茂。这里是尼尔吉里冬霜茶的产地，也生产绿茶和白茶。

**喀拉拉邦
慕那尔茶园**

位于印度西南部喀拉拉邦的慕那尔分布着山地茶园。在殖民时代，这里曾是度假胜地。这里的茶园最早建成于 19 世纪 70 年代，生产的茶叶跟尼尔吉里的茶叶特点相似。

尼尔吉里红茶产于泰米尔纳德邦西高止山，风味醇厚，单宁含量少。

图例

🌱 名茶产地

▨ 茶叶产区

阿萨姆

印度阿萨姆地区土壤肥沃，季风可带来充沛的降水，得天独厚的土壤和气候条件使之成为世界上最高产的茶叶产区。阿萨姆红茶滋味浓烈，约占印度茶叶生产总量的50%。

阿萨姆是印度最东北的邦，地处印度东北角布拉马普特拉河河谷的冲积平原上，是印度的主要产茶区，主要生产CTC红茶，用于商业化袋泡茶的生产。

每年5—10月，季风带来的大量降水会导致洪水泛滥，从而增加河谷的土壤肥力。茶叶采摘时间从4月到11月，为一年中最湿热的季节。这时候的温度可达38摄氏度，如同一个大型温室，这种条件非常适合茶树的生长。阿萨姆头摘茶采摘于4月；次摘茶是从5月到6月，通常用于制作拼配茶，如拼配东弗里斯兰茶或下午茶。有些茶园开始转向用传统制茶法（见第21页）生产精品整叶茶，以更高的价格出口到国外市场。阿萨姆传统红茶是地理标志保护产品，所有冠以阿萨姆字样的茶均产自阿萨姆地区。

阿萨姆地区使用的时间和印度其他地方不同，这里以"浦甘时间"为准，也称"茶园时间"。茶园时间比印度标准时间早1个小时。这样茶园的工人就可以早起1个小时，迎着清晨的阳光开启一天的工作。

布拉马普特拉河河谷

布拉马普特拉河横贯阿萨姆邦。沿河谷分布着四大茶叶产区：上阿萨姆、北岸、中阿萨姆和下阿萨姆。

阿萨姆茶叶小知识

占全球茶叶生产总量的比例	主要茶叶品类
13%	CTC红茶
采摘时间	传统红茶
4—11月	绿茶

独特之处	海拔
全球最高产的茶叶产地	低海拔

图例

名茶产地

茶叶产区

北岸

布拉马普特拉河北岸的迪布鲁格尔茶园地势低洼，主要生产 CTC 红茶。

下阿萨姆

被讷尔巴里县、邦盖冈县和阿萨姆邦首府古瓦哈蒂所环绕，这块区域是下阿萨姆产茶区。

北勒奎普尔

迪布鲁格尔 · 丁苏吉亚

北岸

上阿萨姆

锡布萨格尔

焦尔哈德

上阿萨姆和中阿萨姆

这两个地区是阿萨姆特优茶最主要的产地。位于焦尔哈德的托克莱茶叶研究所在茶树无性繁殖方面的研究位于学科前沿。

提斯浦尔

布拉马普特拉河

下阿萨姆

古瓦哈蒂

长文

仁马丘陵

迪马布尔

阿 萨 姆 邦

古瓦哈蒂

阿萨姆生产的大部分 CTC 红茶在古瓦哈蒂进行拍卖，主要流向国内市场。

巴赖尔哈

野生茶树

1823 年，在上阿萨姆的丘陵地带首次发现了当地野生茶树。后被命名为阿萨姆种茶，叶片比中国种茶树大。

阿萨姆次摘茶被认为品质最优，当地湿热的气候条件赋予了次摘茶浓郁的风味和醇厚的麦芽香。

大吉岭

印度大吉岭地区面积仅为 181 平方千米，却是世界上最著名的茶叶产地之一。凉爽的气候和高海拔的自然环境使得这里的茶叶香气馥郁，备受推崇。

大吉岭位于印度北部的西孟加拉邦，濒临喜马拉雅山脉。大吉岭茶区历史悠久，其中 87 座茶园早在 19 世纪中期就已经建成。大吉岭的茶叶产量仅占印度茶叶总产量的 1.13%，但是茶叶品质极高，属于地理标志保护产品。但是地理标志保护执行难度很大，有些茶农用产地范围之外的其他的喜马拉雅茶冒充大吉岭茶进行销售。为此，印度茶叶委员会为大吉岭红茶开发了一套独特的防伪标志，帮助消费者鉴别正品大吉岭茶。

大吉岭茶区种植的有中国小叶种茶树，也有杂交大叶种茶树。茶园分布在海拔 1000 ~ 2100 米的山地。在茶树生长季节，白天气候温暖，夜晚比较凉爽，这样的地理和自然条件造就了大吉岭茶极佳的品质和芬芳高雅的香气。

采摘
大吉岭每年有 3 个采茶季，由采茶女手工采摘；头摘茶于每年 3 月中旬开始采摘。

大吉岭茶叶小知识

占全球茶叶生产总量的比例

0.36%

主要茶叶品类

红茶、乌龙茶、绿茶、白茶

采摘时间

头摘：3—4月

次摘：5—6月

秋茶：10—11月

大吉岭次摘茶散发着独特的麝香葡萄味。

独特之处

地理标志和大吉岭商标

海拔

高海拔

东大吉岭谷

东大吉岭谷也称金谷，喜马拉雅山地吹来的冷风造就了该地区茶叶独特的芳香气韵。茶树品种多为中国小叶种茶树。

提斯塔谷

发源于喜马拉雅山的提斯塔河流入提斯塔谷，这里的生物品种多样，著名的茶园包括萨玛拉边茶园、提斯塔谷茶园和格伦伯恩茶园。格伦伯恩茶园附近分布着一些传统平房建筑，是一处度假胜地。

西大吉岭谷

比旃巴利

雷林

东大吉岭谷

大吉岭

古马尔

提斯塔

提
斯
塔
河

提斯塔谷

嗜伦堡

大吉岭

西大吉岭谷

海拔 2100 米的西大吉岭谷分布着西孟加拉邦最古老的茶园。其中欢乐谷茶园建于 1854 年，是大吉岭最古老的茶园。

米里克

马
哈
南
达
河

潘卡巴里

米里克谷

巴
拉
松
河

西里古里

比丹纳加尔

米里克谷

米里克谷毗邻尼泊尔边境，从坡地的茶园可以清楚地看到喜马拉雅山。这里分布着许多著名的茶园，如瑟波茶园和希约克茶园。

西里古里

位于印度边陲的西里古里是此地的茶叶销售中心。这里不仅是大型茶叶拍卖场所，也是许多茶叶公司和经纪人的办事处。西里古里是大吉岭通往阿萨姆邦及周边一些国家的交通枢纽。

大吉岭头摘茶，干叶暖棕带绿。

采摘

大吉岭的茶叶每年采摘 3 次，两次采摘之间的间隔期为茶树休眠期。3 次采摘的茶叶风味各不相同。头摘茶最为浓烈，次摘茶滋味醇厚，而秋摘茶散发着更为浓郁的麦芽香。

图例

⚘ 名茶产地

▨ 茶叶产区

印度茶文化

英国人于 1853 年开始在印度种植茶树。此后，茶成为印度经济和文化生活中不可分割的一部分。围绕着印度人最爱的香料茶，衍生出该国独特的茶文化习俗和传统。

茶树栽培

茶作为饮料在 18 世纪的英国已经盛极一时，为了满足英国人对茶叶日趋增长的需求，同时打破中国的茶叶垄断，英国东印度公司（EIC）从中国偷偷运出了茶树种子和熟练的制茶工人，并在印度北部兴建了一些茶园。直到 19 世纪中期，大吉岭和阿萨姆的茶园才获得丰收。自此，印度开始向英国和其他英属殖民地供应茶叶。

英国茶叶评级系统

为了把茶叶卖到一个好的价格，英国人按照干茶的外观为传统制法制作的红茶制定了一套评级系统，茶叶完整度越好，等级就越高。今天的印度、斯里兰卡和肯尼亚依然沿用这套评级系统。茶叶在加工过程中发生破碎是正常现象，烘焙干燥后的茶叶变脆，更容易发生破碎。通过分级筛网的末茶、片茶等级最低，但如果是名优茶叶的碎末，则可以用于制作市场上流行的拼配袋泡红茶。

英国的评级系统仅仅通过茶叶外观和大小来评定茶叶的等级，无关乎茶汤的风味、香气和口感。有些等级带有"花"的字样，表明该种茶叶的制作原料为幼嫩的芽头；而带有"金"的等级表明茶叶芽梢上带金黄色毫尖；"橙"字则代表茶汤的颜色。

整叶茶分类

特级金花橙黄白毫（最小的大叶茶）（SFTGFOP）
优质金花橙黄白毫（FTGFOP）
显毫金花橙黄白毫（TGFOP）
金花橙黄白毫（GFOP）
花橙黄白毫（FOP）
花白毫（FP）
橙黄白毫（OP）

碎叶茶分类

花碎金橙黄白毫（GFBOP）
碎金橙黄白毫（GBOP）
花碎橙黄白毫（FBOP）
碎橙黄白毫 1 级（BOP1）
碎橙黄白毫（BOP）
碎白毫小种（BPS）

20世纪早期，印度生产的茶叶几乎都是红茶。

印度香料茶

　　尽管印度在 19 世纪 50 年代就已经开始种植茶树，但直到 19 世纪后期，在英国茶叶种植园主的推动下，印度民众才开始饮茶，并在茶中加奶和糖一起饮用。印度人习惯在茶中加入香浓醇厚的水牛奶，以中和印度茶尤其是阿萨姆红茶浓烈的风味。尽管以乳脂含量高的水牛奶为首选，但是也可用其他类型的牛奶替代。

　　马萨拉作为一种香辛料，一直是印度菜中不可或缺的一部分。用马萨拉制成的热饮原来是作为药用的。19 世纪后期，印度人发现在煮茶时加入牛奶、糖和马萨拉香料，可以调制出一种味道浓烈的饮品，这就是我们今天所熟知的印度香料茶，也叫印度拉茶（制作方法见第 180 ~ 181 页）。

茶歇

拉茶是印度街头一景，占据街道的茶摊随处可见，表明其在印度的受欢迎程度。一天中的任何时候都能在街头看到饮用拉茶的人，他们中有蓝领，也有白领。

库拉尔

　　街头售茶的商贩，用自己拼配的香料和品质低下的红茶、牛奶和糖一起调制拉茶。茶汤从高处倒入杯中，杯子通常是低温烧制的一次性小陶杯，被称为"库拉尔"。这种可降解的杯子较为环保，用完后直接丢弃。

香料茶

印度拉茶的风味和香气都很浓烈，这是因为茶中加入了各种香料，如丁香、肉桂、小豆蔻和生姜。

斯里兰卡

斯里兰卡是南亚的一个岛国，位于印度洋上，与南亚次大陆上的印度隔海相望。斯里兰卡曾是英国殖民地，旧称锡兰。这个面积不大的岛国以其系列特色优质茶叶而著称，茶树种植和加工均采取传统方法。

斯里兰卡原来以种植咖啡为主，1869年，一场毁灭性的枯萎病席卷了全国大部分咖啡种植园，此后这些种植园转向种植茶树。尽管这个国家早在1972年已经更名为"斯里兰卡"，但今天该国出口的茶叶仍被称为"锡兰茶"。

斯里兰卡的茶园主要分布在中部高地，按照地势高低可以分为三大块：高地茶园、中地茶园和低地茶园。一年中的两次季风对各地的茶园会产生不同的影响，所形成的小气候使每个茶园都有自己的特色茶。

尽管在斯里兰卡内战期间，其茶产业发展遭受重创，但近年来已经复苏。如今斯里兰卡以其清鲜芬芳的红茶和白茶（锡兰银针）名扬天下。斯里兰卡约有100多万人口从事茶叶生产，采摘仍旧沿用传统的人工方式。

斯里兰卡的茶叶种植园
斜坡上种植的落叶树每天都可以为茶园提供几个小时的阴凉。

斯里兰卡茶叶小知识

占全球茶叶生产总量的比例	主要茶叶品类
7.4%	红茶、白茶

独特之处
茶园和英伦风格的茶

采摘时间
9月—次年4月；
有些地区终年都可采摘

海拔
高、中、低海拔

产自拉特纳普勒的红茶散发着独特的鲜甜味。

汀布拉

汀布拉位于西部高海拔山地，海拔 1000 ~ 1700 米，所产红茶香气浓郁，风味饱满。

康提

康提的第一座茶园建成于 1867 年。这里的海拔为 750 ~ 1200 米，茶树生长繁茂，生产的茶叶通常用来制作拼配茶，如伯爵茶和英式早餐茶。

乌沃

乌沃位于东部高地，海拔 1000 ~ 1700 米，是斯里兰卡最早种植茶树的地区之一。受干燥的季风影响，这里的茶树芽叶闭合，植株被迫保持水分，这就使得茶叶的滋味更为甘醇，从而价格也更高。

保克海峡

保克湾

马纳尔湾

斯里兰卡

马特莱

康提

安帕赖

汀布拉

努瓦拉埃利亚

乌沃省

科伦坡

莫纳勒格勒

卡特勒格默

亚勒

加勒

努瓦拉埃利亚

高海拔茶园，分布在海拔 2000 米的中部高地。因海拔高，芽叶生长缓慢，风味也更鲜甜芬芳。该地生产传统红茶和银针白茶。

茶产业占斯里兰卡经济生产总量的2%。

图例

名茶产地

茶叶产区

世界各地的茶俗

受多种因素影响，每个国家和地区都有自己独特的茶饮配方和茶文化传统。造成这种多样性的因素有很多，如地理位置、原料来源和饮食习惯等。而下面 3 个国家和地区因其独具风格的饮茶习俗脱颖而出。

德国东弗里斯兰

东弗里斯兰位于德国北部海岸，濒临北海，相对隔绝的地理位置造就了当地独特的茶文化习俗。

茶自 17 世纪被传播到欧洲之后，就逐渐融入东弗里斯兰人的生活。到 19 世纪，当地人已经开始制作风味独特的拼配茶，而且这种制作方法一直沿用至今。今天，该地区每年人均喝茶 300 升，是世界上人均茶叶消费量最多的地区之一。

当地有邦廷、贝亨茨、蒂勒和霍尔夫四大拼配茶制作公司，它们从欧洲最大的茶叶进口中心汉堡购买原料。尽管各家公司的拼配茶配方都是保密的，但是众所周知，滋味浓强的拼配红茶的主要原料是阿萨姆次摘茶，再加上少量锡兰红茶和大吉岭红茶。

当地人用陶瓷茶壶泡茶，爱喝浓茶。上茶时，先在小茶杯里放入大块冰糖，再把茶汤浇注在小茶杯里，然后在杯中放入双倍奶油，无须搅拌，杯中的糖会慢慢融化，释放到茶汤中去，而奶油会在表面形成一层"茶晕"，然后与茶汤缓慢融合，一杯圆熟饱满、散发着麦芽香的东弗里斯兰茶就制成了。冬季泡茶时，当地人还会在茶汤中加入强劲的朗姆酒。

茶杯
东弗里斯兰人通常用精致的小瓷杯喝茶。

蒙古

13世纪蒙古入侵中原时，蒙古人喝的是一种叫"苏台茄"的茶。它是用茶砖、水、牛奶和盐制成的奶茶，有时也加入炒米。蒙古人在统治中原期间，并没有接受中原的茶文化，而是保留了他们传统的咸味奶茶。

蒙古人的餐饮构成以奶类、肉类和谷物为主，茶只是餐桌上的一个补充。因为缺水，蒙古人认为水是神圣之物，他们并不单独喝水，而是做成奶茶饮用。用自家产的牛奶、羊奶、马奶或骆驼奶，加入水、茶和盐一起煮沸，然后用长柄勺舀起茶汤，从高处倒入茶碗中。

时至今日，奶茶仍是蒙古人社会生活的重要组成部分。无论是洽谈生意，还是招待客人，或者家庭聚会，主人都会给客人斟上香喷喷的奶茶。拒绝主人的敬茶会被视为无礼的行为。

中国西藏

藏族人和茶的渊源可追溯到13世纪，当时的汉族人沿着著名的茶马古道将茶叶运到西藏，和藏族人交换马匹。这条翻山越岭充满艰辛的商队路线连通四川和西藏。尽管西藏地区并不适合栽植茶树，但是在波密县的易贡建成了西藏唯一的茶园，该茶园的茶鲜叶被加工成红茶茶砖。藏茶在西藏地区以外鲜为人知，当地人用它制作独具特色的酥油茶。

制作酥油茶时，先从茶砖上撬下足量的茶叶，然后放入热水熬煮，制成浓浓的茶汁；再把茶汁、牦牛奶、黄油和盐倒入一个专用大木桶中，然后不断搅拌抽打，直到变成奶油状，酥油茶就做好了。将做好的酥油茶倒入茶壶中，传统上是用金属制成的茶壶，但是现在通常用陶瓷茶壶，然后再从茶壶倒入木质或粗陶大杯中饮用。喝酥油茶通常是悠闲惬意的小啜慢饮，杯中茶尚未喝尽，主人又会添满。这种咸味酥油茶对于访客来说可能要慢慢接受，但是对于西藏人的意义重大。他们靠酥油茶提供额外的热量，以更好地适应高原严酷的气候和高海拔的生存环境。据说西藏牧民每天要喝40杯酥油茶。

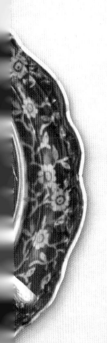

东弗里斯兰人每次饮茶通常不会少于3杯。

酥油茶
藏族人独特的酥油茶在尼泊尔、不丹和印度的喜马拉雅地区也广受欢迎。

日本

　　日本是亚欧大陆以东、太平洋西北部的一个岛国，国土完全被海水包围。日本的饮茶史可以追溯到 12 世纪，所产绿茶尤为出名。由于本国茶叶需求量较大，生产的茶叶仅有 3% 供出口。

　　大约公元 805 年，来华求法的日本僧侣归国时，首次将茶叶带回日本。但直到 12 世纪，在京都府的宇治才有规模化茶树种植。目前日本的产茶区主要分布在本州和九州两座岛上，海风给这里的茶叶增添了海水和海藻的味道。日本近 75% 的茶树是 1954 年静冈县选育出来的薮北茶树种。这种茶香气浓郁，风味醇厚。薮北种产量高，耐低温，适合岛上的土壤条件。

　　日本的人工成本非常高，因此茶叶的采摘、加工都是机械化操作。在日本茶园随处可见高耸的电风扇，用于在春寒料峭的早春，向茶树嫩芽吹送暖风，调节茶园温度，预防可能发生的霜冻。

煎茶
条索针形，是日本生产量最大的绿茶，约占日本茶叶总产量的 80%。

日本茶叶小知识

占全球茶叶生产总量的比例	主要茶叶品类
1.9%	绿茶
独特之处 玉露、煎茶、玄米茶、抹茶	**海拔** 低海拔

采摘时间
4—10 月

诹访茶屋
该茶屋建于江户时期（1603—1868 年），1912 年迁至现在的日本皇宫，是典型的传统日式建筑。

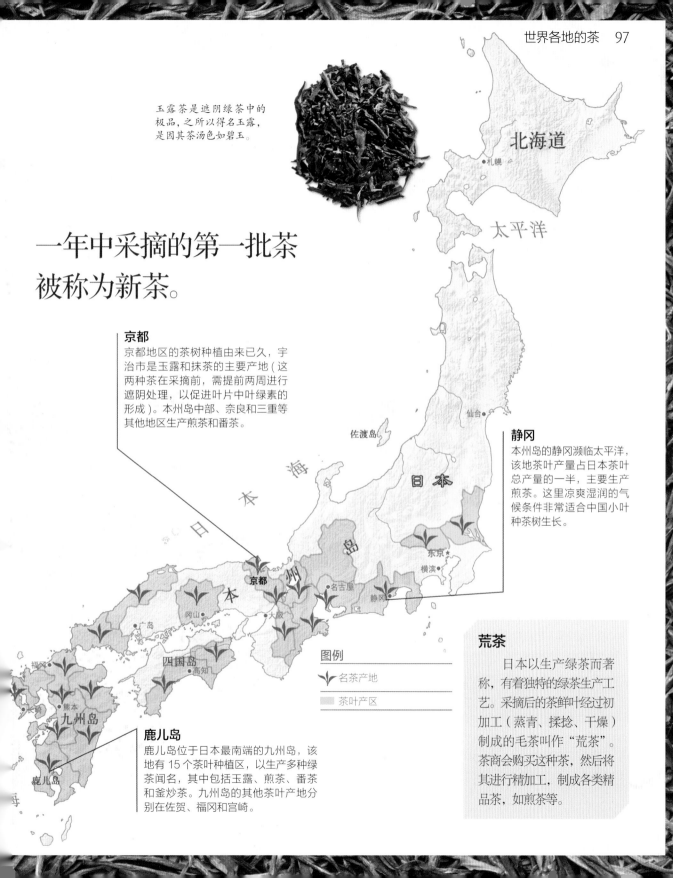

玉露茶是遮阴绿茶中的极品，之所以得名玉露，是因其茶汤色如碧玉。

一年中采摘的第一批茶被称为新茶。

京都
京都地区的茶树种植由来已久，宇治市是玉露和抹茶的主要产地（这两种茶在采摘前，需提前两周进行遮阴处理，以促进叶片中叶绿素的形成）。本州岛中部、奈良和三重等其他地区生产煎茶和番茶。

静冈
本州岛的静冈濒临太平洋，该地茶叶产量占日本茶叶总产量的一半，主要生产煎茶。这里凉爽湿润的气候条件非常适合中国小叶种茶树生长。

北海道

札幌

太平洋

仙台

佐渡岛

日　本

东京 ★

横滨

名古屋

大阪

京都

冈山

静冈

日　本　海

本　州　岛

四国岛

高知

长崎

熊本

福冈

九州岛

鹿儿岛

图例
↴ 名茶产地
▨ 茶叶产区

荒茶
日本以生产绿茶而著称，有着独特的绿茶生产工艺。采摘后的茶鲜叶经过初加工（蒸青、揉捻、干燥）制成的毛茶叫作"荒茶"。茶商会购买这种茶，然后将其进行精加工，制成各类精品茶，如煎茶等。

鹿儿岛
鹿儿岛位于日本最南端的九州岛，该地有 15 个茶叶种植区，以生产多种绿茶闻名，其中包括玉露、煎茶、番茶和釜炒茶。九州岛的其他茶叶产地分别在佐贺、福冈和宫崎。

日本茶道

日本茶道是一种冥想仪式，也称"茶汤"。这种烦琐的奉茶仪式被认为如同坐禅悟道，茶道精神就蕴含其中。

日本茶道的目的是通过特定的动作仪式，用专门的泡茶器具，制成一杯简单纯净的粉状绿茶（抹茶）。日本有两种茶道形式，一种是非正式的茶会，另一种是正式的茶事。非正式茶会持续时间不到 1 个小时，招待客人的是薄茶，配有甜点中和薄茶的苦味。第二种是非常正式的茶事，

通常持续 4 个小时之久，包括厚茶和精心准备的四道菜（怀石料理）。

茶道最初是一种禅宗佛教仪式，16 世纪由茶道宗师千利休改良而成。他提出的"和、敬、清、寂"的茶道思想，至今仍在世界各地流传。

茶筅
由竹片细切而成。末端卷曲，便于搅拌。

建水
用来盛放清洗茶具的废水，在茶道仪式中通常放在不起眼的位置。

茶碗
形状各异的茶碗适用于不同的季节，夏季用浅口碗，冬季用深碗。茶碗是手工制作而成的，有着简单朴素的审美，用日语表达即为"wabi"。

茶巾
白色茶巾用来清洁茶碗。

盖置
用来盛放釜盖（壶盖）的工具，由竹子制成。

柄杓
这种竹制的长勺用以从釜（壶）中舀取热水。

水指

用于盛放干净水，可以是木制的，或是粗陶的。盛放的水用来烧水泡茶。

茶勺

用竹子制成的长柄茶勺用于从茶罐中舀取茶粉放到茶碗中。

枣

盛放薄茶的木制茶罐，或上漆，或不上漆。

釜

釜是一个铁壶，用于加热从水指中取出的水。

和果子

以米粉、砂糖、豆沙为主要原料制成的一种日本点心，在日本茶道仪式中作为佐茶的茶食。

茶道仪式

　　日本茶道表演的每一步动作都舒缓优雅、准确规范。茶室在任何时候都要保持整洁。茶具的盖子要盖好，茶巾要折叠整齐。下面是茶道表演的一些简单步骤。

1 开始表演之前要先叠帛纱。图中方形丝巾即为帛纱，用于擦拭茶道表演的茶具，也象征着洁净。先把帛纱沿对角折成三角形，然后手执两角沿长边向下折 1/3。

2 反向再折 1/3。再沿长端对折，再对折。

3 之后再次对折，或擦拭茶具后再对折。主人准备茶道表演时，通常当着客人的面擦拭茶具。

4 用柄杓从釜中舀取热水倒入茶碗中。

5 主人先检查茶筅有无断裂或磨损，然后将茶筅放入茶碗，缓缓
旋转搅拌，即刻取出，这一步是为了软化、湿润、温热茶筅。

6 转动茶碗，使碗中热水均匀流过碗
壁，然后将水倒入建水，再用茶巾擦
拭茶碗。

7 用茶勺取 2 勺抹茶粉放入茶碗中。

8 再次用柄杓从釜中舀取热水倒入茶碗中，这一次是为了点茶。柄杓不用时就放在釜中。

9 先用茶筅轻轻搅拌，然后沿 W 形快速搅拌，直到茶汤表面出现丰富的泡沫。

10 主人将茶碗放在手掌上，按顺时针方向转动茶碗 2 次，之后把茶碗最精美的一面图案对着客人。

11 主人保持跪姿将茶碗奉给客人，并鞠躬致意。

客人的角色

　　向主人鞠躬致谢，然后也沿顺时针将茶碗转动 2 次，将茶碗最精美的一面图案对着主人。分 3 次将碗中的茶喝下，最后一口可以发出啜吸声，表明自己很享受这碗茶汤。碗中茶汤喝完后，将空碗还给主人。

俄罗斯茶文化

茶炊是俄罗斯人烧水煮茶的传统茶具。自17世纪茶从中国传到俄国起，俄国人就开始饮茶了。今天，茶在俄罗斯是头号饮品，被认为是国饮。

1638年，蒙古人将茶叶作为礼物送给了俄国时任沙皇米哈伊尔一世，这是茶叶首次进入俄国。在几十年后的1679年，中俄两国之间签署互市协定，俄国人开始用动物皮毛交换中国的茶叶，俄国人从此喝到了来自中国的茶。

19世纪70年代，俄国从中国进口散装红茶和红砖茶，茶开始走进俄国人的日常生活。谈婚论嫁、洽谈生意、消除争端都离不开茶。俄国人用茶炊烧水。他们按照一杯水5勺散茶的比例冲泡成一壶浓茶，然后把茶壶放在茶炊上加热。

女主人将壶中的浓茶倒入玻璃杯，然后用茶炊添加热水，稀释茶的浓度，以适应客人的口味。茶中通常会加入柠檬、果酱、蜂蜜或糖。喝茶时会配上奶油煎饼加果酱，或者用磨碎的坚果、黄油、面粉制成的挂着糖霜的俄式小饼干。在俄罗斯传统饮茶习俗中，热茶杯会放入金属杯套中，以防烫手。

在今天的俄罗斯，大多数社交场合仍然离不开茶，且散茶比袋泡茶更受欢迎。虽然茶炊已淡出现代俄罗斯人的日常生活，但它仍旧是俄罗斯社会的一个重要象征，它唤起俄罗斯人内心深处温暖、舒适、团聚的情感和记忆。

茶炊
最初的设计是为了实用，后来逐渐成为极具装饰性的艺术品。

俄罗斯人的家庭生活中已经很少有人再使用金属杯套，但火车上供应茶水时还会使用杯套防烫。

世界各地的茶具

受不同文化背景和潮流趋势的影响，世界各地的茶具造型各异、大小不一，材质也多种多样。它们是茶文化的一个重要组成部分。

中国茶碗
中国人的茶碗容量比较小，或是土黄色上釉陶碗，或是传统的青花瓷碗。品茶时通常小口吸啜。

日式茶碗
日式茶碗是陶制器皿，通常会上釉，并绘有独特的图案。 在日本茶道表演中（见第98 ~ 103页），主人在敬茶时，会确保茶碗上最精美的图案对着客人。

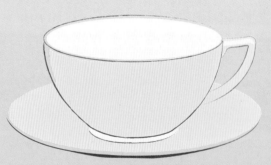

陶瓷茶杯和杯托
这种茶杯和杯托是西方茶文化的一个象征。16 和 17 世纪，瓷器从中国经海路运到西方（这就是英文中用 china 表示瓷器一词的由来），直到 18 世纪中期，生活在中国的一位法国传教士将陶瓷制作秘方随信寄回法国，自此英国和欧洲其他国家及地区才开始烧制陶瓷制品。

俄罗斯玻璃茶杯和金属杯套
俄罗斯人喝茶的传统习俗是把玻璃杯放在金属杯套中，一方面是为了防烫，另一方面也增加了杯子的稳定性。

土耳其茶杯和杯托

土耳其玻璃茶杯形似郁金香，杯身中间略细，杯口外展。饮茶时手持杯口可以防烫，玻璃材质的小腰杯，使得琥珀色的红茶分外赏心悦目。

印度陶杯（库拉尔）

这种制作简单的一次性手工陶杯，在印度街边的茶摊上随处可见。高档商店里也有集传统与现代于一体的更为精致的陶杯出售。

马克杯

马克杯在英国和美国非常流行，材质多样，有瓷质、不锈钢和陶制的。马克杯容量较大，减少了续杯的麻烦。

摩洛哥玻璃杯

图为摩洛哥人用于喝薄荷茶的杯子，装饰精美，有各种各样的图案和色彩。

韩国

韩国位于亚洲大陆东北部朝鲜半岛的南端，三面环海。鲜嫩可口的韩国茶极少出口，但值得实地探寻。每年春季新茶上市时，爱茶的游客都会来到韩国参加茶香节。

828年，中国的茶籽传到朝鲜半岛，种在庆尚南道的智异山上，朝鲜半岛茶文化由此开始萌芽。16世纪，由于日本入侵，许多茶园被毁。在此期间及后来的政治动乱期间，僧侣和学者仍小面积种植茶树，使得茶文化传统得以保留下来。直到20世纪60年代早期，饮茶热才在韩国重新兴起，茶园也得到了复垦重植。

韩国几乎所有的茶园都分布在朝鲜半岛南部的山地上，常年沐浴在朝鲜海峡和东海的海风中。

韩国主要产绿茶，按照阴历时节进行采摘。雨前茶以4月中旬采摘的茶鲜叶为原料，口味鲜甜柔和，品质最优。5月上旬采摘的茶叶制成细雀茶，口感柔和，但滋味略浓。中雀茶采摘的时间最晚，约在5月中旬到5月底，茶汤色泽翠绿，味道鲜甜。也有制茶工匠制作一种被称为"Balhyocha"的陈年红茶，这种茶散发着麦芽香，有坚果和松香的风味。

宝城

宝城茶园一排排整齐的茶树。宝城是茶文化的旅游胜地，被认为是韩国的茶都。

韩国茶叶小知识

占全球茶叶生产总量的比例	独特之处
0.1%	春茶节
海拔	
中海拔	
采摘时间	**主要茶叶品类**
4月中旬—5月底	绿茶、抹茶、老红茶

竹篮里放置的韩国干茶，等待分类打包。

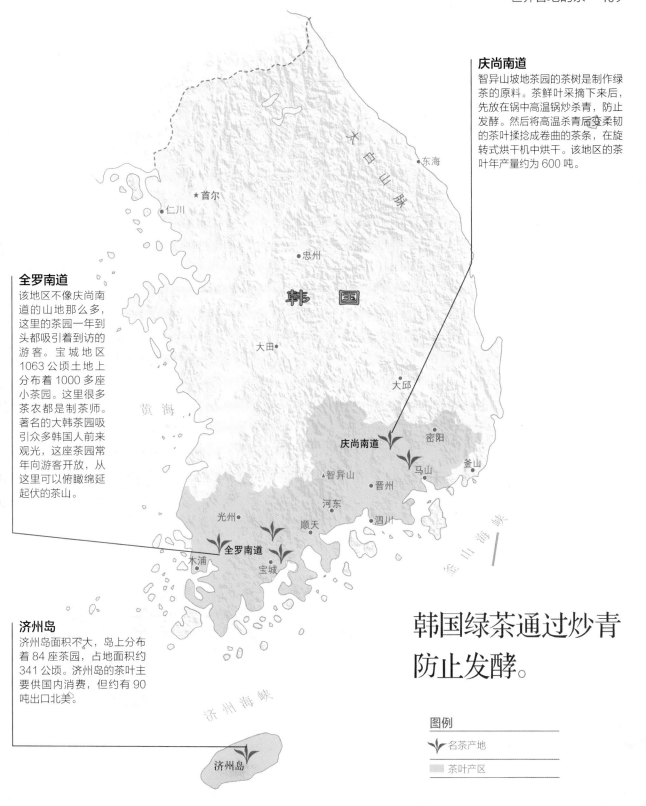

庆尚南道

智异山坡地茶园的茶树是制作绿茶的原料。茶鲜叶采摘下来后，先放在锅中高温锅炒杀青，防止发酵。然后将高温杀青后变柔韧的茶叶揉捻成卷曲的茶条，在旋转式烘干机中烘干。该地区的茶叶年产量约为 600 吨。

全罗南道

该地区不像庆尚南道的山地那么多，这里的茶园一年到头都吸引着到访的游客。宝城地区1063 公顷土地上分布着 1000 多座小茶园。这里很多茶农都是制茶师。著名的大韩茶园吸引众多韩国人前来观光，这座茶园常年向游客开放，从这里可以俯瞰绵延起伏的茶山。

济州岛

济州岛面积不大，岛上分布着 84 座茶园，占地面积约 341 公顷。济州岛的茶叶主要供国内消费，但约有 90 吨出口北美。

太白山脉

★首尔

仁川

东海

忠州

韩　国

大田

大邱

黄　海

密阳

庆尚南道

釜山

▲智异山　马山

晋州

河东

光州

泗川

顺天

朝鲜海峡

全罗南道

木浦

宝城

韩国绿茶通过炒青防止发酵。

济州海峡

济州岛

图例

✔ 名茶产地

▨ 茶叶产区

韩国茶礼

　　韩国茶礼起源于佛教禅宗，仪式简单而又正式，旨在庆祝和品味生活中的简单事物。这种哲学思想从简约素朴、风格自然的茶具上可略见一斑。

　　现代韩国茶礼深受《韩国茶道》（1973年）一书的影响。在这本书中，韩国茶道大师孝当描述了泡茶的最佳方式，尤其是般亚露绿茶的冲泡方式。般亚露意为"启迪智慧之露"，暗示在泡茶过程中获得的精神收益，体现了茶中悟道、禅茶一味的佛家茶理。孝当建立了韩国茶道协会，旨在保护并传承韩国传统制茶工艺和冲泡本国绿茶的方法。

韩国茶礼是韩国人喝茶的礼仪。

　　韩国茶礼和佛教禅宗密不可分，它包含着佛教大道至简的教义，韩国人将之视为日常生活中放缓节奏、放松心灵的一种方式。

　　简约的茶具给茶礼仪式增添了美感。韩国茶具通常线条简单、色彩素朴柔和，造型简洁，以实用为主。

茶夹
木质茶夹用于从茶叶罐中夹取茶叶，放入茶壶。

木杯垫
用来放置茶碗给客人敬茶。

茶巾
折叠成方形的小块棉布，用来端茶杯和其他茶具时，隔热防烫。

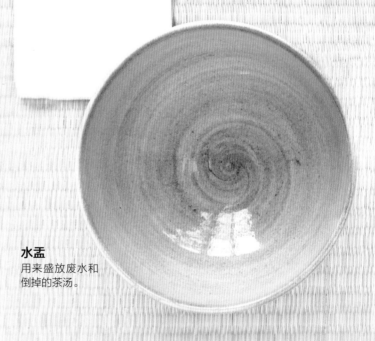

水盂
用来盛放废水和倒掉的茶汤。

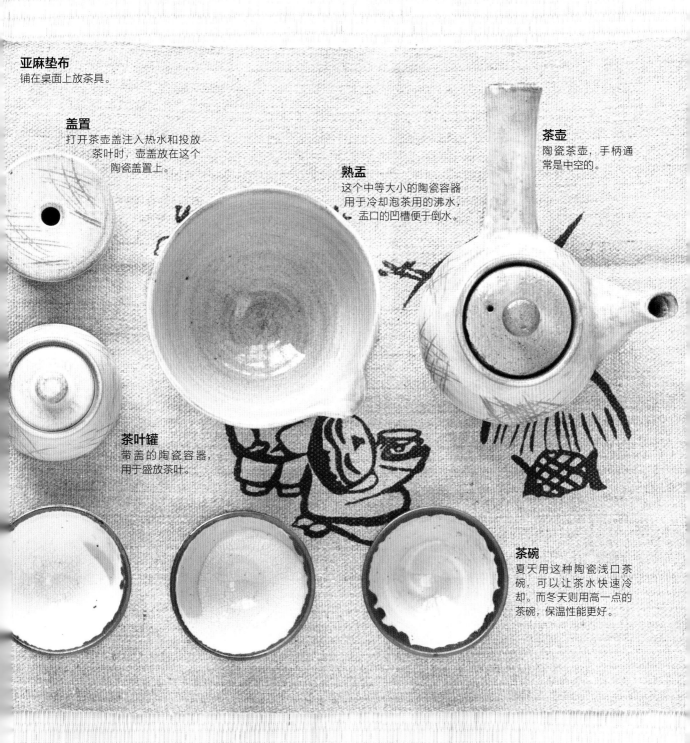

亚麻垫布
铺在桌面上放茶具。

盖置
打开茶壶盖注入热水和投放
茶叶时，壶盖放在这个
陶瓷盖置上。

熟盂
这个中等大小的陶瓷容器
用于冷却泡茶用的沸水，
盂口的凹槽便于倒水。

茶壶
陶瓷茶壶，手柄通
常是中空的。

茶叶罐
带盖的陶瓷容器，
用于盛放茶叶。

茶碗
夏天用这种陶瓷浅口茶
碗，可以让茶水快速冷
却。而冬天则用高一点的
茶碗，保温性能更好。

韩国茶礼仪式

韩国茶礼仪式以简洁著称，主人泡茶动作优雅流畅，观之赏心悦目。

1 取水壶中的热水倒入熟盂。双手捧起熟盂，把热水倒入茶壶。倒水时将茶巾垫在熟盂下方，以防止水滴洒落。

2 把茶壶中的热水倒入茶碗中温润茶具，先从客人的茶碗开始倒起。

3 再次把水壶中的热水倒入熟盂，然后将茶壶的壶盖取下。

4 打开茶叶罐，用茶夹取四夹茶叶，放入茶壶。

5 用双手端起熟盂，把熟盂里的热水倒进茶壶。盖上壶盖，冲泡 2 ～ 3 分钟。

6 将碗中的水倒入水盂。

7 主人先从茶壶中倒出少许茶汤品尝一下，确保茶已经泡好，就可以给客人上茶了。

8 上茶。主人在每个碗中都倒入半碗茶汤，先从离自己最远的茶碗倒起，最后再倒入自己面前的茶碗。两杯之间要间隔数秒。

9 主人接着倒茶，这一次先从自己面前的茶碗倒起，要倒满 3/4 碗。这样做是为了使茶汤浓度均匀，并均分茶汤。

10 将客人的茶碗放在木杯垫上。

11 将茶碗连同木杯垫，放到客人面前的茶盘上。

客人的角色

客人用双手捧住茶碗中部，端起来啜饮三口。第一口是观汤色，第二口是闻茶香，第三口则是品滋味。

土耳其

土耳其位于亚欧大陆交界处，北临黑海，南临地中海，地理位置非常重要。土耳其的气候非常适合茶树生长。茶是土耳其的国民饮料，平均每个土耳其人每天要摄取高达 10 杯的红茶。土耳其传统茶饮既甜又浓。

土耳其的茶园主要分布在东北部风景如画的里泽省。该地区位于庞蒂克山脉和黑海之间，属亚热带气候，终年温度都很高，且全年降水量分布均匀。这种湿润的亚热带气候非常适合茶树生长。此外，这里夜晚天气凉爽，对茶树形成了天然保护，可避免使用杀虫剂。

20 世纪 40 年代，里泽省开始种植茶树，此前该地区因地处偏远，经济较落后。如今黑海沿岸布满了茶园。土耳其的茶叶产量已经和斯里兰卡持平，茶叶也成为该国经济的一个重要组成部分。土耳其仅有 5% 的茶叶供出口。此外，政府对进口茶叶征收 145% 的关税，以保护本国茶叶销售。

土耳其是除意大利之外为数不多的一个种植佛手柑的国家，而佛手柑是格雷伯爵茶的重要原料。

土耳其茶叶小知识

占全球茶叶生产总量的比例	独特之处
4.6%	国内茶叶消费量高 茶园不使用杀虫剂
主要茶叶品类 红茶（CTC）	
采摘时间 5—10月	**海拔** 中海拔

图例

名茶产地

茶叶产区

土耳其的茶叶在集市上进行售卖，招徕顾客前来交易。

里泽省

茶园分布在该省黑海沿岸的山坡上，茶叶用手剪收割，把叶片切碎，而不是采摘完整的芽叶。这种叶片主要用于生产CTC红茶（见第21页）。每天的采茶工作从清晨开始，到傍晚结束，所采的茶鲜叶主要卖给国有茶叶加工厂。

品饮土耳其红茶

　　土耳其红茶的冲泡器具是上下放置的两个茶壶。下面的壶用于烧水，而上面的壶则用于泡茶并保温。冲泡好的浓茶倒入郁金香形的茶杯中，再从下面那个壶中加入热水，稀释茶汤浓度。传统上，土耳其红茶不加奶，但会加入几块方糖。

土耳其人喝的红茶一般有两种：一种是色泽暗红的浓茶；另一种是色泽红亮的淡茶。

越南

越南位于东南亚的中南半岛东南端，三面环海，地形狭长。越南的季风气候为茶树生长提供了极佳的自然条件，因此越南的茶叶产量很高，是世界第六大茶叶生产国。

尽管越南当地的野生茶树已经有1000年的历史，但直到20世纪20年代，才由法国人在越南建立了第一座茶园。第二次世界大战后的几年里，越南的茶叶生产受到重创，但是之后又强劲复苏。一些特色茶，如河江绿茶、山图绿茶和莲花茶，均生长在越南北部。越南茶叶协会正向世界各地的茶叶市场推广这些茶叶，以帮助本国茶农增加收入。越南茶叶加工主要采用传统制茶法，也生产CTC红茶。

越南北部

越南北部分布着一些高产茶园，西北、东北、中北部地区以及一些高地是越南茶叶的主要产地。

图例

🌿 名茶产地

▨ 茶叶产区

越南茶叶小知识

占全球茶叶生产总量的比例	主要茶叶品类
4.8%	绿茶、莲花茶、红茶
独特之处	**海拔**
本地种茶树	中海拔

采摘时间

3—10月

尼泊尔

尼泊尔是南亚内陆山国，北邻中国，其余三面与印度接壤。尼泊尔寒冷的山地气候和起伏的山地地形赋予该国茶叶浓郁醇醇的风味。尼泊尔主要产红茶，也生产绿茶、白茶和乌龙茶。

茶叶生产在尼泊尔是一个相对新兴的产业。该国大约有85座茶叶种植园和为数不多的一些小型茶园。大多数茶农只有小型家庭茶园，他们把茶鲜叶卖给中央工厂进行加工。

大多数大型茶叶种植园生产的是CTC红茶（见第21页），但也有些小茶园生产优质传统红茶。与低海拔地区不同，喜马拉雅红茶因海拔高，茶鲜叶在萎凋过程中就已经干燥，因此这种茶没有完全发酵。制成后的干茶色泽暗中泛绿。尽管冲泡后茶汤颜色略浅，但仍然具有浓醇的红茶味道。

尼泊尔红茶产地位于该国东部山地。

尼泊尔茶叶小知识

占全球茶叶生产总量的比例

0.4%

主要茶叶品类

红茶、绿茶、乌龙茶

独特之处

成立小型茶园合作社，创新发展茶产业

采摘时间

头摘茶3—4月
夏茶6—9月
秋茶10月

海拔

高海拔

丹库塔
丹库塔与伊拉姆和邻近的大吉岭有着相同的自然条件。

伊拉姆山谷
伊拉姆山谷位于尼泊尔东部，与大吉岭接壤，是尼泊尔最大的茶叶种植区。

图例

↙ 名茶产地

▩ 茶叶产区

肯尼亚

　　肯尼亚位于非洲东部，赤道横贯该国中部，东非大裂谷纵贯其南北。肯尼亚的茶树种植始于1903年，1924年开始商业化生产。此后，茶产业在该国获得迅猛发展。肯尼亚以生产红茶而著称，红茶使这个国家成为世界第三大产茶国。

　　肯尼亚的茶园分布在东非大裂谷地区的高海拔山地，有的茶园海拔高达2700米。东非大裂谷的火山红壤为茶树种植提供了肥沃的土壤条件。肯尼亚的茶园由于地处赤道，那里降水充沛、阳光充足。又因海拔较高，故天气凉爽。这些自然条件都是茶树生长的绝佳因素，因此，肯尼亚的茶树一年四季长势良好，全年都可采摘。

　　肯尼亚种植的茶树为小叶种，生产的红茶5%为传统红茶，其余的都是CTC红茶（见第21页）。肯尼亚

CTC红茶常见于经典早餐茶，拼配后形成圆熟醇香的风味。一些大颗粒的CTC红茶直接作为散茶冲泡，而不是制成袋泡茶。

　　茶园主要分布在东非大裂谷两侧的高地上，如凯里乔、南迪山、涅里和穆兰卡地区，面积一般不超过0.4公顷。肯尼亚茶叶发展委员会（KTDA）主要致力于推动本国小型茶叶种植园的发展。

采摘
肯尼亚90%的茶叶手工采摘，并用CTC法进行加工。

肯尼亚茶叶小知识

占全球茶叶生产总量的比例 **7.9%**	**主要茶叶品类** 红茶、绿茶、白茶
采摘时间 1—12月	**海拔** 高海拔
独特之处 茶园分布面积广，高产	

马里宁茶是肯尼亚的一种滋味浓烈的红茶，产地在涅里和维多利亚湖之间的高地。

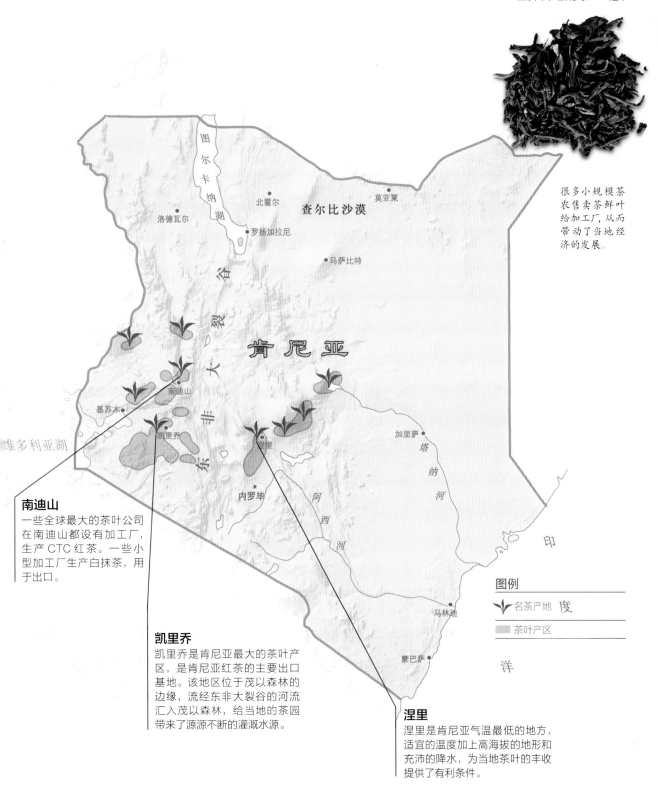

很多小规模茶农售卖茶鲜叶给加工厂，从而带动了当地经济的发展。

图尔卡纳湖

查尔比沙漠

北霍尔

莫亚莱

洛德瓦尔

罗扬加拉尼

马萨比特

东非大裂谷

肯尼亚

南迪山

基苏木

凯里乔

加里萨

塔纳河

维多利亚湖

涅里

内罗毕

阿西河

印

南迪山
一些全球最大的茶叶公司在南迪山都设有加工厂，生产 CTC 红茶。一些小型加工厂生产白抹茶，用于出口。

马林迪

图例

名茶产地　度

茶叶产区

凯里乔
凯里乔是肯尼亚最大的茶叶产区，是肯尼亚红茶的主要出口基地。该地区位于茂以森林的边缘，流经东非大裂谷的河流汇入茂以森林，给当地的茶园带来了源源不断的灌溉水源。

蒙巴萨

洋

涅里
涅里是肯尼亚气温最低的地方，适宜的温度加上高海拔的地形和充沛的降水，为当地茶叶的丰收提供了有利条件。

印度尼西亚

　　印度尼西亚位于亚洲东南部，与澳大利亚隔海相望。印度尼西亚的热带气候和肥沃的火山土为茶树的茁壮生长提供了有利条件。该国年均茶叶产量为 14.24 万吨，最著名的茶叶品类是色泽乌暗、滋味浓醇的红茶。

　　1684 年，荷兰人最早在印度尼西亚试种中国小叶种茶树。然而，该国的自然条件并不适合小叶种茶树的生长。19 世纪中期，他们发现阿萨姆大叶种更适合印度尼西亚的热带气候。19 世纪末，第一批印度尼西亚产红茶被运往欧洲。此后，印度尼西亚的茶叶生产繁荣了几十年。第二次世界大战期间，由于日军的入侵，该国茶叶生产出现了衰退，茶园陷入荒芜。直到 20 世纪 80 年代后期，由该国政府牵头的一项茶园复苏专案，才使得茶产业开始复苏。如今，茶叶占据印度尼西亚农业生产总值 17% 的比重。尽管印度尼西亚生产优质乌龙茶和绿茶，但最著名的还是其风味浓郁的红茶。

北苏门答腊
北苏门答腊有一些茶园使用CTC方法（见第21页）生产红碎茶，专供出口制作拼配茶和袋泡茶。

爪哇
印度尼西亚最好的茶叶是用传统加工工艺制作出来的，产地在爪哇岛海拔 700 ~ 1500 米的高地。在东爪哇、万丹和茂物附近分布着几个茶叶种植园和一些小型茶园。

印度尼西亚茶叶小知识

占全球茶叶生产总量的比例	海拔
3.2%	高海拔

采摘时间
全年均可采摘，但是特级茶的采摘期在 7—9 月

主要茶叶品类	红茶、乌龙茶、绿茶

图例

 名茶产地

　　茶叶产区

泰国

　　泰国位于东南亚中南半岛的中南部，东南临太平洋，西南临印度洋。泰国仅在北部的小片区域集中分布着茶园，但该国一直是优质乌龙茶、绿茶和红茶的产地。

　　20世纪60年代，中国人将台湾地区的小叶种茶树的扦插苗带到泰国，开始在泰国进行种植，后来泰国又从中国台湾引进了新的茶树品种，以适应其凉爽的山地气候。

　　目前泰国的茶树种植主要集中在北部的清莱和清迈，尤其是美斯乐地区。泰国乌龙茶的加工方法与中国台湾乌龙茶相似，都是中等发酵，干茶条索卷曲，冲泡后滋味浓郁爽滑，有淡淡的青草香和坚果味。

美斯乐

美斯乐位于泰国和缅甸交界处，海拔超过1200米。这里是泰国茶叶生产核心区，产有乌龙茶、绿茶、红茶。

泰国茶叶小知识

占全球茶叶生产总量的比例	主要茶叶品类
1.7%	乌龙茶、绿茶、红茶

独特之处

香乌龙，与中国台湾合作研究开发

采摘时间	海拔
3—10月	中海拔

图例

↘ 名茶产地

■ 茶叶产区

摩洛哥茶文化

19世纪，当英国商人把中国珠茶传入摩洛哥时，摩洛哥人在绿茶中加入糖和薄荷调味，就此形成了当地独特的饮茶方式。在此后的150年里，饮茶逐渐成为摩洛哥文化中不可或缺的一部分。

摩洛哥薄荷茶，又称马格里布茶，流行于突尼斯、阿尔及利亚和摩洛哥的马格里布地区。地道的薄荷茶是用中国珠茶制作的，中国珠茶于19世纪60年代传入摩洛哥。摩洛哥人很快发现，茶汤中加入糖和薄荷之后，清香四溢，饮之令人神清气爽。

在北非，喝茶永远是生活的第一要务。主人用茶招待客人是表达尊重的一种习俗。在马格里布地区，通常是女主人准备食物，男主人负责泡茶、敬茶。拒绝主人敬茶，会被认为是不礼貌的行为。

摩洛哥人冲泡薄荷茶时，主人首先将两勺中国珠茶放入传统的摩洛哥式不锈钢茶壶中，然后加入沸水洗茶。这个步骤有助于去除可能造成苦味的茶末。然后在茶壶中加入12块方糖和一把捣碎的新鲜薄荷叶，再向壶中注入800毫升沸水。浸泡2～3分钟后，把茶壶放在炉子上，将茶水煮至沸腾，使方糖完全融化。具有宝石般色彩的玻璃杯是摩洛哥的传统茶具，在玻璃杯中放入新鲜的薄荷叶，再将茶汤从约60厘米高的地方倒入杯中，可以使空气进入茶汤，产生气泡。

传统上，主人会续三次茶。因为冲泡的时间不同，每次续杯的口感也不同。正如摩洛哥一句古老的谚语所说："第一杯茶如生活般温柔；第二杯茶如爱情般浓郁；第三杯茶则像死亡般苦涩。"

糖的甘甜和薄荷的清凉中和了茶的苦涩。

摩洛哥薄荷茶是用金属茶壶冲泡的，这种茶壶可以放在炭火上加热。传统上用透明的玻璃杯喝茶，这种杯子在大多数摩洛哥家庭中都能见到。

美国

美国位于北美洲中部，东临大西洋，西濒太平洋，北接加拿大，南靠墨西哥及墨西哥湾。美国的地理条件和气候条件对于茶树种植一直是一个挑战。但是目前全国各地对茶园的新增投入，正在推动全美各地的茶叶生产。

19世纪80年代，美国政府开始尝试在佐治亚州和南卡罗来纳州种植茶树。由于气候条件不适宜或生产成本过高，这些茶园在几十年后宣告失败。此后，全国各地的其他农场也开始试种茶树，并陆续取得了一些成果。其中最著名的是南卡罗来纳州的查尔斯顿茶园，该茶园是白宫的官方茶叶供货商。由于美国各地的土壤条件和温度差异很大，各地茶园收成各不相同。茶农通过试种不同的茶树，来确定最适合本地气候条件的树种。美国有364公顷的茶叶种植园，大多数分布在沿海地区，沐浴在清凉的海风中。南卡罗来纳州、亚拉巴马州、加利福尼亚州、俄勒冈州、华盛顿州和夏威夷州的茶园已经获得丰收，并开始销售自己的茶叶。密西西比州一些新建的茶园长势良好，预计在几年内就能进行采摘。

夏威夷

夏威夷群岛上分布着50个小型茶园，占地约20公顷，其中大多数茶园位于"大岛"上。这里肥沃的火山土、绵延起伏的山地和丰沛的降水非常适合茶树生长。产品有手工白茶、绿茶、红茶和乌龙茶。夏威夷茶叶价格位居全球前列。曾有一家茶园以每千克6500英镑的价格将茶叶卖给了哈罗德百货公司。

美国茶叶小知识

占全球茶叶生产总量的比例

0.009%

主要茶叶品类

红茶、绿茶、乌龙茶

独特之处

茶园面积1~81公顷，规模不等

采摘时间

4—10月

海拔

低海拔—高海拔

凉爽的温度

密西西比州的这处茶园正在试种能适应低温的茶树。图中这些茶树幼苗预计3~4年后可以采摘。

茶园分布在美国沿海各州364.5公顷的土地上。

华盛顿州和俄勒冈州
华盛顿州和俄勒冈州的一些茶园面积只有 2 公顷，采取手工方式制茶，生产绿茶、白茶和乌龙茶。

美国种植的茶树大多是阿萨姆大叶种和中国小叶种的天然杂交树种。

图例

🌱 名茶产地

▓ 茶叶产区

密西西比州
2014 年，密西西比茶叶公司与密西西比州立大学合作，种下了 1.2 公顷的茶树，共计 3 万多棵，并计划在之后的几年里将茶园面积扩大到 117 公顷。该企业监测杂交树种的收集和测试，以及害虫的综合防控。

南卡罗来纳州的基洼岛
基洼岛属亚热带气候，年降水量为 1320 毫米，非常适合茶树生长。岛上分布着 52 公顷的茶园，茶鲜叶由机器进行采摘，再由当地的工厂用传统工艺加工成红茶。

花草茶

何谓花草茶

花草茶是以药草为原料冲泡而成的饮品。人们服用花草茶不仅是因为它具备某种药用效果，同时也因为这种茶散发的清香能舒缓心志、提神醒脑。花草茶既可热泡也可冷浸，口感清鲜，是含咖啡因饮料的完美替代品。

花草茶的益处
花草茶有芳香疗效，可以舒缓身心、振作精神。

是茶还是药饮

并非所有的花草热饮都可以归类为茶。花草茶"是用药草冲泡的茶饮"，因此从严格意义上来说，它们不是茶。很多植物的皮、茎、根、花、种子、果实和叶都可以用来制作花草茶。除了马黛茶，花草茶一般不含咖啡因。

花草茶的健康疗效

几个世纪以来，中医和印度阿育吠陀医学一直在使用草本药饮治疗各种疾病。随着花草茶在西方越来越受欢迎，具有排毒、镇静、放松、催眠功效，能治疗普通感冒和流感的拼配花草茶如今在茶叶店和超市里随处可见。事实上，几乎所有的小病小恙都有对症的花草茶配方。

草本药物的化学成分很复杂，可能会与传统药物的药性相克，也可能会导致过敏。因此在决定将花草茶纳入自己的治疗计划之前，务必咨询专业保健人员。

草药专家

尼古拉斯·卡尔佩珀（1616—1654）是英国内科医生、药剂师、占星家和植物学家。他的《草药全书》记录了数百种草药配方和它们的功效，当时已知的每一种草药的成分和对应疗效在书中都有详细说明，自出版以来一直被用作草药使用参考指南。当他在伦敦的斯皮塔菲尔德从医时，曾使用自己的占星知识和药剂学知识来治疗患者的疾病，这种行为在那个时代被认为是非常出格的。

家庭必备
花草茶有天然的治疗特性，可用于家庭常见疾病的简单治疗。

薰衣草、芙蓉花和玫瑰果配成
的花草茶富含维生素 C，可用
于治疗感冒。

根

作为植物的生命线，根从土壤中吸收养分，并把它们输送到叶和花当中。药用植物的根质地较厚，呈纤维状，富含有机物质，是制作花草茶的绝佳配料。

微生物、昆虫和营养物质构成植物根系的微环境，这种微环境赋予植物的根很好的药用价值。生长在温带地区的药用植物的根系不但能从土壤中吸收养分，在冬季生长缓慢时，还能储藏养分。因此这类药材最好在春天万物复苏时，趁天气干燥进行采收，悬挂晾干待用。如果根或根茎太厚、含水分过多，可以在烘干机中脱水干燥。干燥后的根类药材在市场上也很容易买到。

有些植物的根烘干后可以取代茶，制成不含咖啡因的植物药饮。

牛蒡根

（拉丁学名：*Arctium lappa*）

　　牛蒡的种子带有毛刺，轻轻拂过就会粘在衣服上。牛蒡的主根可长达60厘米。根中含有菊粉，这种化合物能增进益生菌繁殖，有益于肠道健康。牛蒡根还能用来治疗痤疮和关节疼痛，并有利尿、排毒、清肝的功效，常用于制作排毒的花草茶。

甘草

（拉丁学名：*Glycyrrhiza glabra*）

　　用这种纤维状的根泡茶，可以增加茶汤的甜度，舒缓咽喉和肺部发炎的黏膜，从而改善呼吸道健康、缓解感冒症状。此外，甘草茶还能调节肠胃不适，有排毒和舒缓情绪的功效。

菊苣

（拉丁学名：*Cichorium intybus*）

　　菊苣是一种野生植物，可以通过其漂亮的蓝色花朵来识别。菊苣的根常用于制作花草茶。像牛蒡根一样，菊苣含有菊粉，能促进益生菌生长，有利于肠道健康；菊苣可以解毒、提高免疫能力；由于其抗炎的特性，还可以用来治疗关节炎。它还有镇静的功效，常用于制作助眠的花草茶。

蒲公英根

（拉丁学名：*Taraxacum officinale*）

　　蒲公英通常被认为是一种外来物种，因为有抗炎特性，能消肿止痛，常被用作配制花草茶的原料。它还能改善肠道中的有益菌群，助消化。

生姜

（拉丁学名：*Zingiber officinale*）

　　生姜是一种常见的调味料，被广泛用于烹饪中。生姜中含有的萜烯和生姜油有消炎和排毒的功效，能促进血液循环、清洁淋巴系统。因此，生姜常被用于辅助治疗消化系统疾病，缓解恶心、普通感冒和流感的症状。

树皮

　　树皮和根一样，都能给植物提供营养物质。尽管树皮的利用价值并不是最大的，但它正成为一种常见的花草茶配料。有药用价值的树皮都有各自独特的味道和健康功效。

　　树皮的内层是树木的动力室，滋养并保护着树木，而树干最内层的年轮则为树木的结构提供支撑。用不当的方式采收树皮会对树木造成永久性的伤害，因此不建议自主采收，最好是在市场上购买。不管是单独入药还是和其他原料配在一起，树皮都必须作为煎剂（见第143页）。若与其他花草拼配使用，应先将干燥的药草放入沸水中浸泡5分钟以上，再加入树皮煎制的汤剂。

野樱桃树皮
（拉丁学名：*Prunus avium*）

　　野生樱桃树的树皮有缓解咳嗽的功效，是多种商业咳嗽药的构成成分。它还含有一种有抗炎特性的氰苷，有助于减少因感染引起的炎症。煎煮后有涩味，甚至苦味，服用时最好加入香草或水果加以调味。

肉桂皮
（拉丁学名：*Cinnamomum verum*）

　　肉桂皮因具抗氧化特性，被用于治疗普通感冒和流感；它还具有抗菌特性，可以通过减少气体，缓解腹胀和嗳气，从而刺激食欲，帮助消化。这种香料含有天然的甜味化合物——香豆素，如果大剂量服用，会导致肝脏受损。肉桂有两个品种：中国桂皮和锡兰肉桂。产自斯里兰卡的锡兰肉桂含有较少的香豆素，更适用于制作花草药饮。

柳树皮

（拉丁学名：*Salix alba*）

　　柳树皮是最早用于治疗疼痛的植物药剂之一。柳树皮中含有水杨苷，它能在人体内转化成水杨酸。水杨酸能缓解疼痛，是常规止痛药阿司匹林的主要成分。柳树皮用水煎服能有效缓解普通感冒和流感的症状，如疼痛和发热等；它还有消肿抗炎的特性。

树皮有舒缓功效，能缓解疼痛，并有抗氧化特性，能有效缓解感冒症状。

榆树皮

（拉丁学名：*Ulmus fulva*）

　　榆树皮的黏质内层有舒缓功效。它能保护口腔、咽喉和胃肠黏膜，减少炎症的发生。

花

鲜花、干花和花瓣常用来拼配花草茶，冲泡后汤色亮丽，散发着独特的芳香。此外，很多花都有消炎和抗氧化的特性。

洋甘菊

（拉丁学名：*Matricaria chamomilla*）

洋甘菊植株矮小，花朵像雏菊，即使生长在砾石和砖缝中也能开花。因其温和的镇静作用，常用于治疗失眠和焦虑，同时还有助于增强免疫力、舒缓心志。洋甘菊散发出的令人愉悦的菠萝香能令人凝神静气。

洋甘菊

接骨木花

（拉丁学名：*Sambucus nigra*）

接骨木是灌木，花为白色聚伞形花簇，每年5月开花。接骨木花以其消炎特性而闻名，烘干后煎汤服用，可用于排毒、治疗风热感冒和流感。用于拼配花草茶饮，可给茶汤增加香甜的口感。

芙蓉花

（拉丁学名：*Hibiscus sabdariffa*）

芙蓉花是拼配花草茶的常见配料，它会使茶汤呈现亮丽的深红色，还能给茶汤增添丝丝缕缕的酸味。芙蓉花中含有花青素，这种有机化合物也存在于红色和紫色的水果和蔬菜中。研究表明，芙蓉花有降血压、调节胆固醇的功效。芙蓉花中的抗炎物质槲皮素能助消化、缓解关节炎症状。

薰衣草

（拉丁学名：*Lavandula angustifolia* 或 *Lavandula officinalis*）

薰衣草以其独有的令人放松的香气而闻名。在拼配花草茶配方中与香蜂草一起制成热饮，能缓解头痛症状。薰衣草是治疗失眠、发热、焦虑、紧张、风热感冒和流感及消化不良的传统配方。

薰衣草

红三叶草

（拉丁学名：*Trifolium pratense*）

红三叶草的花如蜂蜜般鲜甜。花中含有水溶性化学物质异黄酮，异黄酮为类雌激素物质，可以帮助缓解更年期症状。红三叶草还能降低人体内的有害胆固醇（低密度脂蛋白，LDL）、增加有益胆固醇（高密度脂蛋白，HDL），并通过这种调节改善心脏健康。

椴树花

（拉丁学名：*Tilia vulgaris*）

椴树花也称菩提花。花中含有治疗过敏的抗组胺物质和槲皮素。槲皮素是一种强大的抗氧化剂，不但可以中和破坏 DNA 的自由基，还有抗炎的特性。椴树花已经被广泛应用于治疗咳嗽、普通感冒和流感。以椴树花为原料配制花草茶饮，可以给茶汤增添芬芳的甜味。

叶

　　药用植物的叶片中含有丰富的糖、蛋白质和酶，这些物质都有益于人体健康。它们释放的风味和香气或有镇静功效，或能提神，也许这就能解释为什么花草茶中有这么多种植物叶片了。

香蜂草
（拉丁学名：*Melissa officinalis*）
　　香蜂草又称香蜂花，它的叶片能释放出柠檬的香气和味道，常被用作镇静剂缓解焦虑和不安，也用于治疗风热感冒和流感。

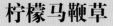

柠檬马鞭草
（拉丁学名：*Aloysia triphylla*）
　　柠檬马鞭草也被称为马鞭草，它的叶片中含有丰富的柠檬香油，可缓解发热、感冒症状，安神静气、促进消化。

薄荷
（拉丁学名：*Mentha canadensis*）
　　薄荷（包括胡椒薄荷和留兰香）叶用于缓解头痛、助消化，已有数百年的历史。但如果患有胃食管反流，则不宜饮用薄荷茶，它会使症状加重。

桑叶
（拉丁学名：*Morus nigra*）
　　桑叶常用于日本植物药饮中。桑叶茶味道极甜，能缓解多种身体不适，如咳嗽、普通感冒、流感、发热、咽喉疼痛和头痛等。

路易波士

（拉丁学名：*Aspalathus linearis*）

　　路易波士，也称红灌木。路易波士茶是一种发酵的植物茶饮，不含咖啡因，可替代红茶。也有未发酵的路易波士茶。这种植物叶片中有一种中性的碱，在拼配花草茶中可以很好地中和水果、香料和其他配料的味道。此外，路易波士中还含有抗氧化物质，能改善睡眠、促进消化和血液循环。这种植物仅分布在南非西开普地区。

图尔西

（拉丁学名：*Ocimum tenuiflorum*）

　　图尔西，又称圣罗勒，原产于印度，具有很强的抗氧化特性。图尔西茶口味甘甜，散发着特有的芳香，能缓解头痛、普通感冒和流感症状，还有舒缓神经、凝神静气、提高注意力的功效。这种植物的根会从土壤中吸收重金属铬，因此购买时要认准有机产地的产品。

罗勒

（拉丁学名：*Ocimum basilicum*）

　　罗勒不仅是常用的烹饪配料，还有着强大的抗炎功效。罗勒叶片中富含抗氧化物质，可用于治疗普通感冒和流感。罗勒叶常用作拼配花草茶的原料，以增添茶汤的甘甜。

马黛茶

（拉丁学名：*Ilex paraguariensis*）

　　马黛茶由南美洲的一种常绿植物制成，这种植物主要生长在巴西和阿根廷。马黛茶有着淡淡的烟草和绿茶的味道，咖啡因含量很高，能提神醒脑、舒缓神经。

葫芦罐和金属吸管
马黛茶传统上是装在葫芦罐里，用带滤网的金属吸管啜吸。

果实和种子

果实和种子中富含大量有益于人体健康的维生素和矿物质。用于制作花草茶的原料,不仅能提高茶汤的健康功效,还能改善茶饮的味道。

蓝莓

蓝莓

（拉丁学名: *Vaccinium cyanococcus* 或
Vaccinium angustifolium）

　　蓝莓果实为蓝紫色,富含花青素,具有抗氧化的特性,有助于修复人体细胞、保护心血管健康,还能提高认知能力、预防失智。蓝莓中的类胡萝卜素能保护视力。

接骨木果

（拉丁学名: *Sambucus nigra*）

　　这些深靛蓝色的浆果和接骨木花来自同一种植株（见第136页）。它们都含有具有抗氧化特性的花青素和增强免疫力的槲皮素。接骨木果传统上被用于治疗咳嗽和感冒。此外,它还有护眼明目和保护心血管的功效。绿色和未完全成熟的接骨木果及果柄都是有毒的,因此应采摘深紫色、完全成熟的浆果。用于制作花草茶的接骨木果可以烘干或进行脱水处理。

柑橘皮

　　柑橘皮和捣碎的新鲜橘皮都可以用于制作花草茶饮。柑橘皮主要作用于消化和呼吸系统,能缓解咽喉疼痛、流感和关节炎症状。用橘皮制作花草茶,要选择不打蜡、没有施用杀虫剂的有机柑橘,因为有害的化学物质会残留在果皮上,甚至果皮内。

玫瑰果
（拉丁学名：*Rosa canina*）

　　全球绝大部分地区都有玫瑰果生长，最好的玫瑰果是野生蔷薇的果实，但也有很多其他的玫瑰果品种，同样适合制作花草茶。玫瑰果在大多数保健食品店和茶叶店都有销售。因富含维生素C、抗氧化物质和类胡萝卜素，玫瑰果能缓解普通感冒、流感、头痛和消化不良等症状。玫瑰果中还含有生物类黄酮，有滋润皮肤的美容功效。此外，它的抗炎特性还可以帮助缓解由关节炎造成的肿胀。

小豆蔻
（拉丁学名：*Elettaria cardamomum*）

　　豆蔻的原产地在东南亚，豆蔻植株的叶片可长达3米。种子为黑褐色，长在种荚中，须研磨后才能用于制作花草茶。小豆蔻能助消化、缓解普通感冒和流感症状。它还是一种天然的利尿剂和抗氧化剂，能排毒消炎。

茴香
（拉丁学名：*Foeniculum vulgare*）

　　茴香有着浓郁的香气，其主要药用功能是助消化，因此适合制作餐后茶饮。茴香中含有的槲皮素是一种类黄酮抗氧化剂，可以增强免疫力，其抗炎特性还可以帮助缓解关节炎的症状。

茴香

花草茶的制作

　　花草茶的魅力部分归功于它的制备过程。自己在家动手配制花草茶是一种非常有益的体验，特别是当你掌握了各种药用植物的特性和功效，并且知道如何烘干和储存它们的时候。

寻找原材料

　　在一些健康食品专卖店或网上商店很容易就能买到制作花草茶的原料，如药草、香辛料、水果等；也可以在自家的花园里种植一些药用植物，如迷迭香、薄荷、鼠尾草和百里香等。至于其他配料，如生姜、丁香和肉桂，都是日常家庭必备物品，可以就地取材。

　　如果决定自己动手寻找原材料，一定要避开路边的植物，因为它们暴露在汽车尾气中，受到了污染；而且在路边采集植物，存在安全问题；也不要采收施用过化肥和杀虫剂的植物。采收植物的根部时，要确保不挖到旁边的其他植物。此外，永远不要用花店的鲜花制作花草茶，因为这些花上通常喷洒了大量的杀虫剂。

　　如今也可以买到现成的花草茶。茶馆里就有不同风味和香气的花草果茶出售，可以满足消费者的不同需求。大多数超市的货架上也有系列花草茶，包括能增强免疫力、预防感冒的复方植物药饮。

消炎
用生姜、姜黄和柠檬制成的花草茶具有消炎的作用，有助于缓解关节疼痛。

自家种植
洋甘菊和香蜂草配成的花草茶能够舒缓心志、振奋精神。这两种植物栽种起来都很容易。

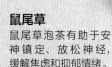

鼠尾草
鼠尾草泡茶有助于安神镇定、放松神经，缓解焦虑和抑郁情绪。

风干
像薄荷之类的香草最好放在室内风干，这样有助于保全它的味道和颜色。要选择温暖干燥的地方作为风干的场所。

干燥后的花草茶原料含有浓缩的芳香油，热水冲泡可将之释放出来。

制作花草茶

配制花草茶最好使用新鲜的水果。花草也可以用新鲜的，但味道和香气没有干燥后的那么浓烈。因为干燥的花草中含有浓缩的芳香油和其他成分，而这些成分经热水冲泡更容易释放出来。如需使用新鲜草本植物，用量应为干花草的3倍。

配制花草茶时，先把干燥后的花草原料粉碎，每种原料各取一茶匙的量放入杯子中，倒入沸水浸泡约5分钟。不同品类的茶叶，冲泡的时间存在差异，但花草茶无须如此，因为这些植物原料没有经过氧化。除了干燥，它们没有经过任何其他方式的加工，因此在冲泡时不需要区别对待。

煎煮

植物的根和茎需要煎煮，以释放它们的味道和营养物质，这个过程称为"煎制"。将原料煎煮5~10分钟，然后过滤冷却后即可饮用。

煎制花草茶要用不锈钢或玻璃材质的锅具，不能使用铝锅、铁锅或铜质器皿，因为这几种锅的金属离子可能会和草本植物中所含的物质发生化学反应，从而破坏这些草本植物的效用。

原料的干燥和存储

如果是自己采收原材料，应立即用冷水冲洗，然后用毛巾将水分轻轻拍干，之后摊放在烤盘上或篮子里，盖上一层薄布或干净的厨房巾，放在温暖干燥的地方晾干。这可能需要几天的时间，时间长短取决于房间的温度；也可以把它们放在烤箱里低温烘干，或者用烘干机烘干。但不能用微波炉进行干燥，因为这样可能会把植物烤焦，而且快速加热可能会破坏植物中的一些芳香油。

无论是自己采收并晒干的花草茶原料，还是买来的原料，都应放在密封的玻璃、陶瓷或不锈钢容器中储存，远离高温和其他有气味的物质。

健康花草茶

花草茶因其药用价值被认为是全面的健康滋补佳品。花草茶散发的芳香能调动嗅觉，唤起人的积极情绪，甚至在品饮之前就有了治疗的功效。花草茶的茶汤和茶香都有助于恢复活力、抚慰身心。

下面是一些用洋甘菊、薰衣草、柠檬马鞭草和薄荷配制的花草茶的传统用途。但是在饮用之前，请咨询医生，因为有些草本植物可能会干扰常规药物的药效，或增加过敏症状。孕期和哺乳期女性在服用花草茶之前，也须咨询医生。

排毒

排毒茶是由具有排毒性能的花草制成的，可以清洁肝脏，排出体内多余的化学物质和重金属，如铅、镉和汞。这个过程被称为"螯合"，具有螯合作用的植物能与重金属结合，并通过胃肠道将它们排出体外。经典的排毒茶中含有生姜、蒲公英根、牛蒡根和甘草。

美容养颜

促进皮肤、指甲和头发健康的花草茶，通常被称为"美容茶"。这种茶饮有助于促进血液循环、增加皮肤弹性。玫瑰花茶有焕肤的功效，能促进血液循环；竹叶茶含有植物性二氧化硅，能改善皮肤、头发和指甲的健康情况；而用洋甘菊、椴树花和柠檬马鞭草泡茶，能改善人体整体健康状况和肤质。

抗感冒

花草茶之所以能抗感冒，是因为茶中含有大量抗氧化物质和维生素C。用于制作抗感冒茶的花草原料很多，有的能润喉，有的则能解热退烧、缓解感冒症状。有抗感冒功效的不仅是药效强劲的复方草药制剂，一些散发着芳香的植物的花、果、根、叶都有缓解普通感冒的特性，如接骨木花、甘草、肉桂、生姜、玫瑰果、迷迭香和柠檬马鞭草等。

饮用排毒茶可以清理人体
系统中的毒素。

安神

具有镇静作用的花草茶一般都是香气四溢的。这是因为芳香物质在调理情绪方面发挥着重要作用，有助于减压、缓解焦虑，还能助眠。有的安神花草茶有轻微的镇静作用，有的则具有舒缓作用。用于安神镇定的经典配方包括洋甘菊、薰衣草、柠檬马鞭草和罗勒。

健胃消食

生姜、甘草、野樱桃树皮、肉桂、芙蓉、豆蔻和茴香等都有利于消化道健康。助消化的复方花草茶通常口感滑润，有舒缓的功效，可以在一天中的任何时间服用，但作为餐后饮品效果最佳。

消炎

具有抗炎特性的拼配花草茶能治疗关节炎和其他关节疾病。有抗炎功效的槲皮素存在于深色的水果中，如蔓越莓和蓝莓。生姜和姜黄根也有抗炎特性，有助于缓解关节炎和关节疼痛的症状。

古埃及人就已经将花草茶作为药饮服用。

玫瑰果
玫瑰果冲剂有助于对抗普通感冒。可以加一匙蜂蜜中和它的酸味。

薰衣草
睡前喝一杯薰衣草茶，有助于安眠。

洋甘菊
用增强免疫力的洋甘菊加柑橘类水果（如柠檬）泡茶，口感清爽，提神醒脑。

健康之轮

植物具有多种药用特性，可用于缓解各种身体不适。
下面这个健康之轮列出了各种植物的不同药效，可用作制
作花草茶的指南。

玫瑰果芙蓉花茶
芙蓉花能降血压、调节胆固醇；而玫瑰果富含维生素C、
抗氧化剂和类胡萝卜素，有助于缓解普通感冒和流感
症状。

牛蒡蒲公英根茶
牛蒡根能净化血液，治疗关节疼痛；
而蒲公英含有抗炎成分，能消肿止痛，
也可以用于排毒。

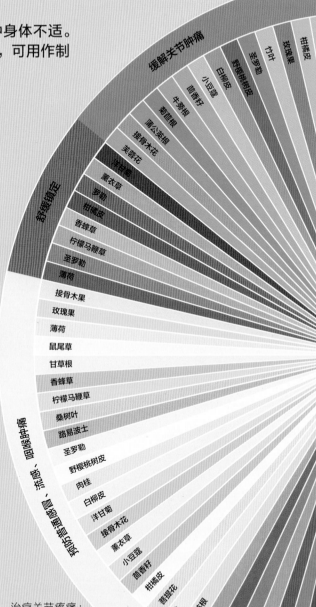

缓解关节肿痛

椴树花
柑橘皮
玫瑰果
竹叶
圣罗勒
野樱桃树皮
白柳皮
小豆蔻
高首柠
牛蒡根
菊苣根
蒲公英根
接骨木花
芙蓉花

舒缓镇定

洋甘菊
薰衣草
罗勒
柑橘皮
香蜂草
柠檬马鞭草
圣罗勒
薄荷

接骨木果
玫瑰果
薄荷
鼠尾草
甘草根
香蜂草
柠檬马鞭草
桑树叶
路易波士
圣罗勒
野樱桃树皮
肉桂
白柳皮
洋甘菊
接骨木花
薰衣草
小豆蔻
茴香籽
柑橘皮
椴树花
姜
蒲公英根
百里香
椴树花
甘草
榆树
姜
接骨木果
桑树叶
牛蒡根

预防普通感冒、流感、咽喉肿痛

舒缓肠胃炎

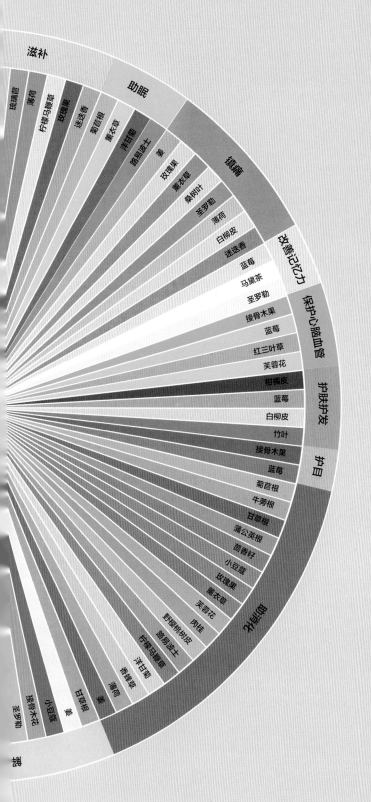

滋补

琉璃苣
薄荷
柠檬马鞭草
玫瑰果
迷迭香
助眠
菊苣根
薰衣草
洋甘菊
路易波士
姜
玫瑰果
镇痛
薰衣草
桑树叶
圣罗勒
薄荷
白柳皮
改善记忆力
迷迭香
蓝莓
马黛茶
圣罗勒
保护心脑血管
接骨木果
蓝莓
红三叶草
芙蓉花
护肤护发
柑橘皮
蓝莓
白柳皮
竹叶
护目
接骨木果
蓝莓
菊苣根
牛蒡根
甘草根
蒲公英根
茴香籽
小豆蔻
玫瑰果
薰衣草
芙蓉花
肉桂
野樱桃树皮
路易波士
洋甘菊
柠檬马鞭草
薄荷
姜
甘草根
薄荷
姜
小豆蔻
接骨木花
圣罗勒
蒜

路易波士茶
路易波士茶可治疗失眠、促消化，能缓解普通感冒和流感症状。

洋甘菊薰衣草茶
洋甘菊和薰衣草都散发着馥郁的香气，而芳香本身就有治疗功效。因此，常用这两种植物拼配安神茶。

茶饮配方

柑橘茉莉花茶（4人饮）

 水温： 80摄氏度　　 **冲泡时间：** 3~4分钟　　 **类型：** 热饮　　 **是否加奶：** 否

　　茉莉花茶通常是在晚间茉莉花开放时进行窖制的。将绿茶和盛开的茉莉花苞分层摊放，让茶叶充分吸附花香。然后移除茉莉花，烘干绿茶。窖制的过程需反复几个晚上。澳洲指橙的加入则为这款茶增添了浓郁的甜香。

茉莉龙珠1满汤匙

澳洲指橙果肉1个，或酸橙果肉半个，去皮切薄片；再切一些鲜橙片，用于点缀茶汤(可选)

900毫升水加热至80摄氏度

酸橙、柠檬和柑橘皮各1茶匙，用于点缀茶汤(可选)

1.将茶叶放入茶壶中，加入指橙；预留1茶匙指橙用于装饰。

2.加入热水，冲泡3~4分钟，直到茉莉龙珠在水中舒展开来。

饮用方式： 放入预留的指橙果肉或鲜橙片，也可配以柑橘皮作为装饰。趁热饮用。

可口 **新鲜** 飘香

翡翠果园茶（4人饮）

 水温： 80摄氏度　　 **冲泡时间：** 2分钟　　 **类型：** 热饮　　 **是否加奶：** 否

　　绿螺茶是用铁锅炭火炒制的，因此散发着特有的栗香。枸杞的加入则给茶汤增添了一丝酸味，而梨子的甜正好中和了这两种味道。

梨1个，去核切丁；另外切4片梨，用于点缀茶汤

干枸杞1汤匙

沸水200毫升，外加750毫升水加热至80摄氏度

云南绿螺茶2汤匙

1.将梨和枸杞放入茶壶中，加入沸水浸泡待用。

2.在另一个茶壶中放入茶叶，加入热水冲泡2分钟。

3.将泡好的茶汤过滤至第一个茶壶中。

饮用方式： 将调制后的混合茶饮再次过滤至茶杯中，放入切好的梨片作为点缀，趁热饮用。

翡翠果园茶 这款热饮集甜、酸和栗香于一体，独特的口感令人回味无穷。

柠檬龙井茶 (4人饮)

 水温: 80摄氏度   **冲泡时间:** 2分钟   **类型:** 热饮   **是否加奶:** 否

　　制作这款花草茶使用普通龙井即可,因为特级龙井的风味在花草茶中无法体现出来。核桃的浓香唤醒了锅炒茶独特的茶香,而柠檬桃金娘则可以调和茶的栗香,使得茶汤味道更为清新鲜甜。

干柠檬桃金娘1.25茶匙

炒熟的核桃碎1.5茶匙

沸水240毫升,外加800毫升水加热至80摄氏度

龙井茶4汤匙

1.将柠檬桃金娘和核桃碎放入茶壶中,加入沸水浸泡待用。

2.将茶叶放入另外一个茶壶中,加入热水冲泡2分钟。

3.把冲泡好的茶汤过滤到第一个茶壶中。

饮用方式: 将混合后的茶汤过滤到茶杯中,趁热饮用。

摩洛哥薄荷茶 (4人饮)

 水温: 90摄氏度   **冲泡时间:** 5分钟   **类型:** 热饮   **是否加奶:** 否

　　摩洛哥薄荷茶的主要原料是珠茶,由于所需冲泡时间较长,风味浓烈,带着淡淡的烟熏味。传统上由家中的男主人制作的薄荷茶,如今已经成为摩洛哥人热情好客的象征。

珠茶4茶匙

薄荷6大枝,外加4小枝薄荷留作装饰

将900毫升水加热至90摄氏度

细砂糖5汤匙

1.将茶叶和薄荷叶放入茶壶中,加入热水,冲泡5分钟。

2.将茶汤过滤到煮锅中,加糖并搅拌,使之充分溶解,中火加热,煮开后关火,把茶汤倒回茶壶。

饮用方式: 将茶壶提至约30厘米高处,将茶汤悬冲至茶杯中,这样会在茶汤表面形成泡沫。在杯中插上小枝薄荷加以点缀,趁热品饮。

栗香
薄荷味
甘甜

蜂蜜柠檬抹茶（双人饮）

 水温: 80摄氏度　⧗ **冲泡时间:** 无　☕ **类型:** 冷饮　🫖 **是否加奶:** 否

　　这款冰抹茶色泽翠绿。制作时可以选用那种用于制作甜点的抹茶粉，价格会稍微便宜一点。蜂蜜增甜，而柠檬汁使得茶汤更加清新可口。

蜂蜜5茶匙

柠檬汁1汤匙，外加一些柠檬皮

将500毫升水加热至80摄氏度

抹茶粉1.5茶匙

冰块若干

1.将蜂蜜、柠檬汁、柠檬皮放入壶中，倒入一半的热水，放在一旁待用。

2.把抹茶粉倒进碗里，加入少许热水，沿W形搅拌成糊状。再将剩下的热水倒入碗中，继续搅拌，直至表面形成浮沫。

饮用方式: 将抹茶糊倒入蜂蜜柠檬汁中搅拌均匀，然后倒进平底玻璃杯中，加入冰块，即可饮用。

柠檬味　甘甜　爽口

冰镇煎茶（双人饮）

 水温: 80摄氏度　⧗ **冲泡时间:** 1分钟　 **类型:** 冷饮　🫖 **是否加奶:** 否

　　这款冰茶以日本的煎茶为主要原料，在茶中加入百里香使风味更佳，而生姜则给茶汤增添了些许的香辛和一丝甜味。

姜末2汤匙

百里香4枝

日本煎茶2汤匙

将500毫升水加热至80摄氏度

冰块若干

特殊器具: 捣拌棒或研磨杵

1.将姜末和百里香均分成2份，放入玻璃杯中，用捣拌棒或研磨杵将其捣碎。

2.在茶壶中放入日本煎茶，倒入80摄氏度的热水，冲泡1分钟。

3.将过滤后的茶汤均分到2个平底玻璃杯中。冷却后加入冰块，即可饮用。

小贴士: 如果想制作浓度稍高的冰茶，可以事先将煎茶冲泡好，放在冰块盘中冷冻，用以代替常规冰块。

龙井冰茶 (双人饮)

 水温: 80摄氏度　　 **冲泡时间:** 1分钟　　 **类型:** 冷饮　　 **是否加奶:** 否

　　制作这款冰茶要加入一种亚洲水果红毛丹。成熟的红毛丹有红色和金色两种，果皮带刺，果肉为白色，与荔枝相仿。虽然味道不像荔枝那么甜，但足以平衡龙井茶的栗香。

红毛丹12个, 鲜果或罐头均可, 去皮切片

沸水120毫升, 80摄氏度的热水400毫升

龙井茶5汤匙

冰块若干

特殊器具: 捣拌棒或研磨杵

1.留出几个红毛丹用作装饰, 其余的用捣拌棒或研磨杵捣碎。

2.将捣碎后的红毛丹放入茶壶, 加入沸水浸泡4分钟。过滤出残渣, 冷却后倒入平底玻璃杯中。

3.将龙井茶放入另一个茶壶中, 用80摄氏度的热水冲泡1分钟。冷却后倒入平底玻璃杯中。

饮用方式: 杯中加入冰块, 用预留的红毛丹加以装饰, 即可饮用。

桂花绿茶 (双人饮)

 水温: 80摄氏度　　 **冲泡时间:** 1.5分钟　　 **类型:** 冷饮　　 **是否加奶:** 否

　　桂花虽然花朵很小, 但花香馥郁, 沁人心脾, 能完美地中和茶叶的青气。加入水果则使得这款茶口味清甜。

亚洲苹果或梨1个, 去核后切成薄片

沸水250毫升, 外加80摄氏度的热水250毫升

云南绿螺茶2茶匙

干桂花0.5茶匙

冰块若干

1.留出2片苹果作为装饰, 其余的放入茶壶中, 倒入沸水, 放置待用。

2.将茶叶和桂花放进另一个茶壶, 注入250毫升80摄氏度的热水, 冲泡1.5分钟。

饮用方式: 加入冰块, 配以苹果片加以点缀, 即可饮用。

滑甜香

抹茶拿铁（双人饮）

 水温: 80摄氏度　　 **冲泡时间:** 无　　 **类型:** 拿铁　　 **是否加奶:** 杏仁奶

　　这款美味的奶油拿铁制作简单，制成后没有一丝苦味。抹茶粉搅打后形成丰富的泡沫，同时为这款富含巧克力的饮品增添了一抹绿色。

杏仁甜奶350毫升

白巧克力15克

抹茶粉2茶匙，另外备一些用于装饰

80摄氏度的热水120毫升

特殊器具: 手持电动搅拌机

1.将牛奶和巧克力放入平底锅中，中火加热，不断搅拌，直到煮成奶油状。关火后放置待用。

2.将抹茶粉和热水放入碗中，搅拌成薄薄的糊状。再将加热后的牛奶和巧克力倒入碗中，快速搅拌至起泡。倒入杯中。

饮用方式: 在杯中撒上一层薄薄的抹茶粉，趁热饮用。

马鞭草绿茶拿铁（双人饮）

 水温: 80摄氏度　　 **冲泡时间:** 1.5分钟　　 **类型:** 拿铁　　 **是否加奶:** 米奶

　　珠茶冲泡后，会有淡淡的青草香，因此非常适合做各种混搭的原料。而马鞭草的柠檬味道甜而不酸，是低脂拿铁的绝佳搭配。

甜米奶350毫升

干柠檬马鞭草2茶匙

珠茶2汤匙

80摄氏度的热水120毫升

特殊器具: 手持式电动搅拌机

1.将米奶和柠檬马鞭草放入平底锅中，中火加热至沸腾。关火后静置4分钟。

2.将茶叶放入茶壶中，用热水冲泡1.5分钟，然后过滤到一个大碗中。

3.将热马鞭草米奶浆倒入碗中，与茶汤搅拌均匀后，弃去马鞭草。

饮用方式: 将调制好的茶汤倒入2个卡布奇诺杯或马克杯中，趁热饮用。

绿融刨冰（双人饮）

 水温: 80摄氏度   **冲泡时间:** 4分钟   **类型:** 刨冰   **是否加奶:** 杏仁奶

柠檬草的柑橘味能凸显绿茶的草木气息，给茶汤带来清新的柑橘香。哈密瓜可以增添甜味，而杏仁奶则会产生令人愉悦的奶泡。

切碎的新鲜柠檬草3茶匙

珠茶2茶匙

80摄氏度的热水150毫升

小哈密瓜1/4个，切丁；另外制作几个哈密瓜球作为装饰

杏仁甜奶150毫升

碎冰若干

特殊器具: 搅拌机

1.将柠檬草和茶叶放入茶壶，注入热水，冲泡4分钟。

2.将茶汤过滤到另一个壶中，冷却至室温。

3.将哈密瓜放入搅拌机，加入杏仁奶和冷却后的茶汤一起搅打，直到打成奶油状，表面形成奶泡。

饮用方式: 先在2个平底玻璃杯中各放入半杯碎冰，倒入做好的绿茶刨冰，放上哈密瓜球作为点缀，即可饮用。

冰爽 细腻 新鲜

韩国朝露茶（双人饮）

 水温: 80摄氏度   **冲泡时间:** 5~6分钟   **类型:** 果昔   **是否加奶:** 否

这款茶饮的主要配料是韩国中雀茶，为了使茶汤滋味更浓，要比常规泡茶用时更长。朝露茶风味独特，让人想起韩国人用刨冰和水果做成的夏季冰饮"红豆冰"。

韩国中雀茶2茶匙

80摄氏度的热水175毫升

甜芦荟汁240毫升

梨1个，去核切薄片

冰块，打成冰沙

特殊器具: 搅拌机

1.将茶叶放入茶壶中，加入热水，冲泡5~6分钟。

2.将茶汤过滤到一个大水杯中，冷却至室温。

3.将冷却后的茶汤和芦荟汁倒入搅拌机。留出2片梨，将剩下的都放入搅拌机，搅拌至细滑起泡。

饮用方式: 将茶果昔倒入装有半杯冰沙的平底玻璃杯中，配以梨片点缀，即可饮用。

甜杏绿茶果昔（双人饮）

 水温: 80摄氏度　　 **冲泡时间:** 1分钟　　 **类型:** 果昔　　 **是否加奶:** 否

　　这款茶以满披茶毫的茶芽制作而成的毛尖为主要原料。毛尖冲泡后的茶汤风味清新，加入甜杏使得这款冰饮颜色美观，味道格外鲜甜。

毛尖茶2茶匙

80摄氏度的热水150毫升

原味酸奶120毫升

甜杏5个，鲜果或罐装均可，去核切片

蜂蜜2汤匙

特殊器具: 搅拌机

1.将茶叶放入茶壶，加入热水冲泡1分钟。

2.将茶汤过滤后，冷却待用。

3.将酸奶、杏和蜂蜜放入搅拌机，倒入冷却后的茶汤，搅拌成奶油状。

饮用方式: 将调配好的茶饮倒入2个平底玻璃杯中，即可饮用。

椰子抹茶奶昔（双人饮）

 水温: 无　　 **冲泡时间:** 无　　 **类型:** 奶昔　　 **是否加奶:** 椰奶

　　这款奶昔爽滑可口，甜味自然，可作为下午时分提神的佳品。椰奶富含有益于人体健康的脂肪酸，而牛油果富含钾、维生素 K 和维生素 C。

椰子片8汤匙

牛油果半个

抹茶粉1茶匙

冰椰奶120毫升

冰椰汁240毫升

特殊器具: 搅拌机

1.烤箱预热到180摄氏度，将椰子片放在烤盘上烘烤4分30秒，或烤至金黄色。

2.将烤好的椰子片和其他配料一起放入搅拌机，搅打成爽滑细腻的奶油状。

饮用方式: 倒入冰镇的平底玻璃杯中，插入吸管，即可饮用。

小绿螺鸡尾酒 这款茶香潘趣酒融合了烧酒和迷迭香的风味。

小绿螺鸡尾酒（双人饮）

 水温: 80摄氏度　　 **冲泡时间:** 3.5分钟　　 **类型:** 鸡尾酒　　 **是否加奶:** 否

　　烧酒是韩国一种蒸馏而成的米酒，口感稍烈。调制这款鸡尾酒要用 20 度的烧酒，如果超过这个度数，酒的味道会盖过茶的味道。迷迭香的加入为这款鸡尾酒增添了花草的芳香。

云南绿螺茶5茶匙

80摄氏度的热水300毫升

迷迭香0.5茶匙，粗切一下；另外准备2枝迷迭香作为装饰

烧酒或伏特加200毫升

冰块若干

特殊器具: 鸡尾酒调酒器

1.将茶叶放入茶壶，加热水冲泡3分30秒。

2.将切碎的迷迭香放进茶汤，浸泡30秒。然后将茶汤过滤到调酒器中，静置冷却。

3.调酒器中加入烧酒和冰块，快速摇振数秒。

饮用方式: 将调制好的鸡尾酒过滤到鸡尾酒杯中，放上一枝迷迭香加以点缀，即可饮用。

茉莉之夜（双人饮）

 水温: 80摄氏度　　 **冲泡时间:** 3分钟　　 **类型:** 鸡尾酒　　 **是否加奶:** 否

　　如果你喜欢各种花香，你可能会爱上这款芬芳的茶果香鸡尾酒。因为酒精会吸收茶香，所以调制这种鸡尾酒比单纯喝茶用的茶叶要多一些。

茉莉龙珠茶3汤匙

80摄氏度的热水400毫升

柚柠糖浆2茶匙

白朗姆酒90毫升

冰块若干

特殊器具: 鸡尾酒调酒器

1.将茉莉龙珠放入茶壶，注入热水冲泡3分钟。

2.将茶汤过滤到调酒器中，加入糖浆，放置冷却。

3.在调酒器中加入朗姆酒和冰块，快速摇振数秒。

饮用方式: 将调好的鸡尾酒过滤到鸡尾酒杯中，即可饮用。

冰茶 (4人饮)

冰茶味道甘甜冰爽，在美国非常流行。如果在美国的餐馆点茶，端上来的会是一大杯冰茶。下面是一个简单的冰茶制作方法，自己在家里也可以动手尝试。

尽管冰茶在有些国家和地区还是新鲜事物，但它在美国已经有100多年的饮用史了。冰茶的问世归功于理查德·布莱钦登。1904年，作为英格兰一家茶叶公司的代表，理查德·布莱钦登要在圣露易斯（美国密西西比州）世界博览会上推销印度的茶叶，由于当时天气非常炎热，他们公司提供的小杯热茶样品无人问津，于是他在茶中加入冰块，一时引起轰动。

经典冰茶有两种：一种是加糖的冰茶，流行于美国南部各州；另一种是不加糖的原味冰茶，在美国北方各州广受欢迎。两种冰茶都会加入柠檬片用于调味，这种饮用方式在梅森－迪克森线以南的地方最受欢迎。

需要准备的配料：

散装红茶6茶匙

沸水500毫升

小苏打一小捏

细砂糖175克

柠檬2个，切片（可选）

冰块若干

冰茶

早在19世纪30年代，美国南部各州就已经开始饮用冰茶，而且通常会在冰绿茶里加入香槟。

1 将茶叶放进茶壶，倒入沸水，冲泡15分钟，泡出的茶汤风味浓醇。

2 将茶汤过滤到一个隔热大水杯中。

美国人饮用的茶80%是冰茶。

3 趁热放入小苏打，以防茶汤冷却后变浑。加入糖，充分搅拌，直到完全溶解。随后加入 1.5 升凉水，搅拌均匀。静置冷却到常温后，放入冰箱冷藏 2 ~ 3 小时。取出后，可根据个人喜好放入几片柠檬片。最后加入足量冰块，即可饮用。

清凉佳饮
冰茶最好用透明的平底玻璃杯饮用，杯中琥珀色的茶汤会带来视觉上的美感。在晴暖的夏日，一杯爽口的冰茶绝对是不二的选择。

榛李之悦（4人饮）

 水温: 85摄氏度　　 **冲泡时间:** 3分钟　　 **类型:** 热饮　　 **是否加奶:** 否

　　这款茶饮的主原料是寿眉白茶。白茶的鲜醇奠定了这款茶饮的风味主基调，而烤榛子带来了坚果的烘烤香，紫李则赋予了茶汤漂亮的淡粉色泽。

碾碎的烤榛子仁4汤匙

紫李4个，切片

沸水120毫升，另外准备85摄氏度的热水750毫升

寿眉白茶7汤匙

1.将榛子仁和李子放入茶壶，加入沸水浸泡，静置待用。

2.另取一个茶壶，放入茶叶，加热水冲泡3分钟。

3.将茶汤过滤到第一个壶中，继续冲泡1分钟。

饮用方式: 将调配好的茶汤过滤到茶杯中，趁热饮用。

金色夏日（4人饮）

 水温: 85摄氏度　　 **冲泡时间:** 4分钟　　 **类型:** 热饮　　 **是否加奶:** 否

　　白牡丹白茶和甜杏混搭后的茶汤色泽黄亮，因此得名金色夏日。同时，杏子和杏仁油又给茶汤增添了鲜甜香浓的口味，让人想起夏日的果园。

杏子4个，切块

杏仁油3滴

沸水120毫升，另备85摄氏度的热水750毫升

白牡丹白茶6汤匙

1.将杏子和杏仁油放入茶壶，加入沸水，放置待用。

2.将茶叶放进另外一个茶壶中，用85摄氏度的热水冲泡4分钟。

3.将茶汤过滤到第一个壶中，继续冲泡2分钟。

饮用方式: 将调制好的茶汤过滤到茶杯中，趁热饮用。

玫瑰花园（4人饮）

 水温: 85摄氏度　　 **冲泡时间:** 4分钟　　 **类型:** 热饮　　 **是否加奶:** 否

　　白牡丹白茶虽名为白牡丹，但茶中并没有牡丹花。白牡丹白茶冲泡后风味清醇，香气醉人。加入小豆蔻突出了茶的风味，也提升了玫瑰花的香气。

干玫瑰花苞20个，另外准备4个用作装饰

碾碎的豆蔻0.5茶匙

85摄氏度的热水750毫升，另外准备沸水用于洗茶醒茶

白牡丹白茶7汤匙

用于调味的蜂蜜（可选用）

1.用沸水清洗干玫瑰花苞和豆蔻，放置待用。

2.将茶叶放入茶壶，加入热水冲泡4分钟。

3.茶汤过滤后倒入另一个壶中，加入洗好的玫瑰花苞和豆蔻，继续冲泡3分钟。

饮用方式: 过滤到茶杯中后，可根据个人喜好加入蜂蜜。放上玫瑰花加以点缀，即可饮用。

北方森林（4人饮）

 水温: 85摄氏度　　 **冲泡时间:** 2分钟　　 **类型:** 热饮　　 **是否加奶:** 否

　　这款茶以寿眉白茶为主要配料，寿眉白茶冲泡后有淡淡的松香，冷却后香味更显。在松林旁边常常可以发现带着树脂味的甜甜的杜松果，因此寿眉白茶和杜松果的混搭是天作之合。

碾碎的松子3茶匙

新鲜杜松果6个（如干果则需10个），捣碎，另外准备几个作为点缀

沸水120毫升，85摄氏度的热水750毫升

寿眉白茶6汤匙

1.把松仁碎和杜松果放进茶壶，加入开水浸泡，放置待用。

2.把茶叶放进另一个茶壶中，加热水冲泡2分钟。然后将茶汤过滤后倒入第一个壶中，再泡4分钟。

饮用方式: 将调制好的茶汤过滤至茶杯中，放入杜松果作为点缀，即可饮用。

白牡丹潘趣茶 （双人饮）

 水温: 85摄氏度　　 **冲泡时间:** 3分钟　　 **类型:** 冷饮　　 **是否加奶:** 否

　　五月酒是用白葡萄酿制的一种潘趣酒，在欧洲广受欢迎。制作这款茶时加入了青葡萄，茶汤中因此带有一丝淡淡的潘趣酒的酒香。而香车叶草的加入给茶汤增添了刺激的甜味。

无籽绿葡萄18颗, 切成两半

干香车叶草2茶匙

沸水120毫升, 85摄氏度的热水400毫升

白牡丹白茶4汤匙

冰块若干

特殊器具: 捣拌棒或研磨杵

1.将一半的葡萄放入茶壶, 用捣拌棒或研磨杵捣碎。放入剩余的葡萄和香车叶草, 倒入沸水浸泡, 放置冷却待用。

2.另取一个茶壶, 放入茶叶, 加热水冲泡3分钟, 然后将茶汤过滤, 倒入2个平底玻璃杯中, 放置冷却。

饮用方式: 将果汁过滤到平底玻璃杯中, 加入冰块, 即可饮用。

刺激　甘甜　清爽

露台无花果 （双人饮）

 水温: 85摄氏度　　 **冲泡时间:** 2分钟　　 **类型:** 冷饮　　 **是否加奶:** 否

　　这款意式风格的夏日冰茶混合了鲜甜的无花果和芳香的鼠尾草。鼠尾草的香味浓烈, 要控制好用量。

鲜无花果或干果2个, 切成4等份

新鲜鼠尾草叶2片, 或鼠尾草干叶1/4茶匙

沸水120毫升, 85摄氏度的热水400毫升

寿眉白茶2汤匙

冰块若干

特殊器具: 捣拌棒或研磨杵

1.将无花果和鼠尾草均分成2份, 放入2个平底玻璃杯中, 用捣拌棒或研磨杵捣碎拌匀。加入沸水冲泡, 放置待用。

2.将茶叶放进茶壶, 加入热水冲泡2分钟。然后将茶汤过滤到玻璃杯中, 搅拌均匀, 放置冷却。

饮用方式: 冷却后搅拌均匀, 加入冰块, 即可饮用。

露台无花果 此款冰茶口感香甜，提神醒脑，是夏日午后消暑佳饮。

荔枝草莓刨冰（双人饮）

 水温: 85摄氏度　　 **冲泡时间:** 4分钟　　 **类型:** 刨冰　　 **是否加奶:** 椰奶

　　这是一款夏日清凉特饮，香甜的水果有助于提升茶的清香。茶叶需要充足的冲泡时间，以泡出浓郁的茶汤。加入椰奶会使口感更为香浓。

寿眉白茶3汤匙

85摄氏度的热水240毫升

荔枝（罐头装）8个

草莓8个

冰块5块

椰奶125毫升

特殊器具: 搅拌机

1.将茶叶放入茶壶，加入热水，冲泡4分钟。茶汤过滤后，放置冷却。

2.将冷却后的茶汤倒入搅拌机，加入荔枝和草莓，搅打至细腻起沫。

3.加入冰块，继续搅打，直至冰块打碎。

饮用方式: 将打好的刨冰倒入2个平底玻璃杯中，上层浇上搅匀的椰奶，即可饮用。

缤纷花园（双人饮）

 水温: 90摄氏度　　 **冲泡时间:** 3分钟　　 **类型:** 鸡尾酒　　 **是否加奶:** 否

　　这款鸡尾酒以伏特加为酒基，融合了芳香的接骨木花和白茶的风味。冷藏饮用，口感独特，略刺激。

白牡丹白茶6茶匙

90摄氏度的热水400毫升

接骨木花糖浆4茶匙

伏特加120毫升

冰块若干

特殊器具: 鸡尾酒调酒器

1.将茶叶放入茶壶，倒上热水，冲泡3分钟。然后将茶汤过滤到鸡尾酒调酒器中，放置冷却待用。

2.将接骨木花糖浆和伏特加倒入调酒器，加满冰块，快速振摇30秒，使之充分混合。

饮用方式: 过滤到鸡尾酒杯中，即可品饮。

香甜浓

高山之乐（4人饮）

 水温: 90摄氏度　 **冲泡时间:** 2分钟　 **类型:** 热饮　 **是否加奶:** 否

　　调配这款茶饮建议用地中海黑加仑果干，与人工种植的黑加仑相比，其味道更好。此外，它还有着葡萄干般的甜味，与轻发酵的乌龙茶是绝佳的混搭。

黑加仑果干4汤匙

烤杏仁碎1.5茶匙

沸水300毫升, 90摄氏度的热水300毫升

台湾高山茶2汤匙

1.将黑加仑果干和杏仁碎放入茶壶, 加入沸水浸泡。

2.先用热水润茶, 以唤醒茶叶。

3.将润后的茶叶放入另一个茶壶中, 加入热水, 冲泡2分钟, 然后过滤到第一个茶壶中。

饮用方式: 将调配好的茶饮过滤到茶杯中, 趁热饮用。

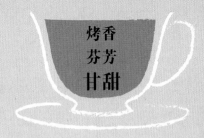

烤香
芬芳
甘甜

巧克力岩茶（4人饮）

 水温: 85摄氏度　 **冲泡时间:** 4分钟　 **类型:** 热饮　 **是否加奶:** 牛奶（可选）

　　烤核桃、可可粒和乌龙茶混搭在一起，会带来火焰般的温暖。加入牛奶后，可凸显核桃和可可的浓香，提升这款茶饮的风味。

碎可可粒4汤匙

烤核桃碎3汤匙

沸水300毫升, 85摄氏度的热水600毫升

武夷岩茶4汤匙

1.将可可碎和核桃碎放入茶壶中, 加入沸水浸泡, 静置待用。

2.把茶叶放进另一个茶壶, 倒入热水, 冲泡4分钟。

3.把茶汤过滤后倒入第一个茶壶中, 继续冲泡1分钟。

饮用方式: 将调配好的茶饮过滤到茶杯中, 可依据个人喜好加入牛奶, 趁热饮用。

樱桃岩韵 这是一款富有辛果香和泥土芬芳的武夷茶饮。

樱桃岩韵（4人饮）

 水温: 85摄氏度　　 **冲泡时间:** 4分钟　　 **类型:** 热饮　　 **是否加奶:** 否

　　这款茶饮由武夷岩茶和樱桃、豆蔻调配而成。武夷岩茶有着泥土的气息和淡淡的花香，樱桃中和了茶叶的天然风味，而豆蔻则增添了茶的香辛。

樱桃12个, 去核切成两半

豆蔻粉一小捏, 外加一些用于装饰

沸水300毫升, 85摄氏度的热水600毫升

武夷岩茶4汤匙

特殊器具: 捣拌棒或研磨杵

1.将樱桃放入茶壶中, 用捣拌棒或研磨杵捣碎。加入豆蔻粉, 倒入沸水浸泡。

2.将茶叶放进另外一个茶壶中, 加入热水, 冲泡4分钟。

3.将泡好的茶汤过滤到第一个茶壶中。

饮用方式: 将调配好的茶饮过滤掉果渣后, 倒入茶杯中, 撒上一点豆蔻粉作为点缀, 趁热饮用。

葡萄音韵（4人饮）

 水温: 90摄氏度　　 **冲泡时间:** 3分钟　　 **类型:** 热饮　　 **是否加奶:** 否

　　这款茶饮以浓郁鲜甜的铁观音茶为基调, 用绿葡萄加以调配, 提升了茶汤的口感, 提亮了茶汤的色泽, 并赋予这款茶饮干白葡萄酒般的果香与甘甜。

无籽绿葡萄15个, 切成两半

沸水150毫升, 90摄氏度的热水750毫升

铁观音茶2汤匙

特殊器具: 捣拌棒或研磨杵

1.将一半的葡萄放进茶壶, 用捣拌棒或研磨杵轻轻捣碎, 挤出葡萄的汁水。再加入另一半葡萄, 倒入沸水, 放置待用。

2.将茶叶放入另一个茶壶中, 加入热水, 冲泡3分钟。

3.将泡好的茶汤过滤后, 倒入第一个茶壶中, 再冲泡3分钟。

饮用方式: 将调配好的茶饮过滤后倒入茶杯中, 趁热饮用。

铁观音冰茶（双人饮）

 水温: 90摄氏度　　 **冲泡时间:** 2分钟　　 **类型:** 冷饮　　**是否加奶:** 否

　　这款茶饮由铁观音茶、柠檬皮、亚洲梨调配而成。轻发酵的铁观音茶有着迷人的花香和鲜甜的滋味，清新的柠檬皮比酸柠檬汁更适合调配，而亚洲梨的清甜则完美融合了茶的花香。

柠檬皮2茶匙

亚洲梨4片

铁观音茶1满汤匙

90摄氏度的热水500毫升

冰块若干

柠檬薄片2片，用于装饰点缀

特殊器具: 捣拌棒或研磨杵

1.将柠檬皮均分成2份，放入2个平底玻璃杯中，用捣拌棒或研磨杵捣碎，然后在每个杯子中放入2片亚洲梨。

2.将茶叶放到茶壶中，加入热水，冲泡2分钟。过滤后倒进水壶中，静置冷却。

3.将冷却后的茶汤倒入平底玻璃杯中。

饮用方式: 杯中加入冰块，摇匀，放入柠檬片加以点缀，即可饮用。

冰镇岩茶（双人饮）

 水温: 90摄氏度　　 **冲泡时间:** 3分钟　　 **类型:** 冷饮　　 **是否加奶:** 否

　　这款茶饮以武夷岩茶为主要配料，加上金橘调配而成。金橘是一种小小的椭圆形的柑橘类水果，第一口吃下去感觉酸，但回味却异常甘甜。金橘的甘甜中和了岩茶淡淡的火功香。

金橘2个，切成12小块，另留2片作为装饰

肉豆蔻粉1茶匙

沸水150毫升，90摄氏度的热水350毫升

武夷岩茶5汤匙

冰块若干

1.将金橘和肉豆蔻粉放入茶壶中，沸水浸泡3分钟，然后过滤到2个平底玻璃杯中，静置冷却。

2.另取一个茶壶放入茶叶，加入热水冲泡3分钟，然后过滤到水壶中，静置冷却。

3.将冷却后的茶汤倒入平底玻璃杯中。

饮用方式: 加入冰块，搅匀，放上金橘片加以点缀，即可饮用。

铁观音伏特加（双人饮）

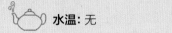 **水温:** 无　　 **冲泡时间:** 4~6小时　　 **类型:** 鸡尾酒　　**是否加奶:** 否

　　这款鸡尾酒以伏特加为基酒，加铁观音茶、橘子等调制而成。欣赏铁观音茶紧结的颗粒在酒中缓缓舒展开来是一种很美妙的体验。而用橘子汁调配可以缓和茶酒的浓烈。

铁观音茶2汤匙

伏特加240毫升

橘子汁75毫升

橙子苦味酒0.5茶匙

冰块若干

橙子薄片数片，留作装饰点缀

特殊器具: 鸡尾酒调酒器

1.用沸水润茶，唤醒茶叶，以便冲泡时茶叶易于舒展开来。

2.将润过的茶叶放入容量为400毫升的带盖的玻璃壶中。加入伏特加，泡4~6个小时。将泡好的液体过滤后倒入鸡尾酒调酒器，加入橘子汁、橙子苦味酒，加满冰块，快速摇振数秒。

饮用方式: 将调制好的鸡尾酒倒入2个平底玻璃杯中，分别放上1片橙子加以点缀，即可品饮。

波旁岩韵威士忌（双人饮）

 水温: 90摄氏度　　 **冲泡时间:** 2分钟　　 **类型:** 鸡尾酒　　 **是否加奶:** 否

　　只有美国南部的威士忌才能抵消武夷岩茶的泥土气息，威士忌的烟熏味与岩茶的韵味完美地融合在一起，形成了这款鸡尾酒独特的浓烈风味。

武夷岩茶5汤匙

90摄氏度的热水300毫升

波旁威士忌90毫升

冰块若干

苏打水120毫升

柠檬皮圈2个，用于装饰点缀

特殊器具: 鸡尾酒调酒器

1.把茶叶放入茶壶，加入90摄氏度的热水，冲泡2分钟。过滤后倒入调酒器，静置待用。

2.在调酒器中加入波旁威士忌和适量冰块，快速摇振30秒。

饮用方式: 将调配好的酒饮倒入鸡尾酒专用杯，加入苏打水，杯沿放上螺旋柠檬皮加以点缀，即可品饮。

康普茶

康普茶（译者注：又称红茶菌）是一种古老的传统发酵茶，至今仍广受欢迎。康普茶中含有少量酒精，泡沫丰富，口味酸甜，口感清爽。这款茶饮中还含有促进肠道健康的菌群和有益酸，可以作为日常的滋补佳品。

康普茶的起源可以追溯到中国的汉代（前202—220年）。19世纪经蒙古传入俄罗斯。1910年左右，康普茶到达东欧。在第一次世界大战后到第二次世界大战前这段时间，康普茶在德国流行一时，但在第二次世界大战期间，由于糖和茶叶短缺，它渐渐淡出人们的生活。到了20世纪90年代，欧美各国重燃对康普茶的热情，越来越多的人喜欢上了自己在家动手制作康普茶。

康普茶由红茶或绿茶加糖发酵而成。含有酵母菌和细菌共生的一种生物体，被称为"红茶菌"或"斯科比菌"（SCOBY，见下文）。斯科比菌中的酵母利用茶汤中的糖分加速茶的发酵，发酵过程中会产生少量的酒精（不到1%）和二氧化碳，因此成为一种起泡饮料。康普茶的酒精含量虽然很低，但仍不建议儿童、孕妇或哺乳期妇女饮用。

每天喝2~3杯康普茶有益于人体健康。

斯科比菌（SCOBY）

斯科比菌是康普茶中的活性成分，是细菌和酵母菌的共生培养菌落。斯科比菌与醋类似，醋母会在苹果醋上层形成一层果冻状的酸性胶状物质，而斯科比菌形成的胶状物更为黏稠。斯科比菌质地黏滑，外观为米黄色，因为是在容器中培养的，它的形状因培养皿的不同而不同。它需要在特定的条件下，才能通过发酵将茶和糖变成醋酸（无色液体，带酸味）。需要注意的是，斯科比菌不能接触金属，因为两者会发生化学反应，从而破坏斯科比菌，阻断茶汤的发酵。

阿萨姆红茶

如何制作康普茶

　　康普茶中含有助消化的酸和酶，比碳酸饮料口感更轻盈，因此可以作为碳酸饮料的完美替代品。这种起泡饮料在家就可以轻松制作。只需要一个干净的操作台，一些简单的工具，准备好配料，耐心等待发酵完毕即可。

1 将山泉水倒入一个4升的大炖锅中，放到火上加热至沸腾。关火后放入茶叶，冲泡5分钟。

2 把泡好的茶汤过滤到一个大玻璃罐中，弃去茶渣。茶汤中加入糖，搅拌到完全融化，盖上盖子，静置冷却数小时。

3 当玻璃罐中的茶汤凉下来之后，加入从市面上购买的康普茶，用木勺充分搅拌。戴上手套，将斯科比菌放入罐中。用布将罐口蒙起来，再用橡皮筋绑紧，防止蝇虫飞入。

4 将玻璃罐置于阴凉处放置一周。随着发酵的进行，斯科比菌会沉到罐底，数天后可能又会浮起来，也有可能在茶汤表面生成新的斯科比菌，并越长越厚。

5 茶汤发酵后，用木勺舀取一点检查起泡程度和口感。好的康普茶像香槟一样轻微起泡，还带有类似苹果醋的酸味。如果口味太甜，可以继续发酵。这个过程可能需要数天，直至达到最理想的效果。

6 康普茶制作好后，取出斯科比菌，放入小玻璃罐中，倒入750毫升的康普茶发酵液，盖紧盖子，可冷藏2个月，以备下次制作时使用。

7 将剩下的康普茶发酵液通过塑料漏斗倒入无菌瓶中，拧紧瓶盖，进行二次发酵，发酵数天后会产生更好的起泡效果。一旦发酵过程结束，将瓶装康普茶发酵液放进冰箱冷藏。可根据个人喜好，在装瓶前按1:5的比例加入鲜榨果汁或果汁饮料。

配料：

山泉水3.3升

散装红茶8茶匙

蔗糖200克

市购未灭菌的原味康普茶500毫升（作为发酵原液）

斯科比菌

特殊器具：

4升的无菌玻璃罐1个，外加1升的无菌玻璃罐1个

树脂或乳胶手套1双

干净的细织布1块，大小能盖住罐口即可

橡皮筋

500毫升的无菌瓶6个

塑料漏斗1个

焦咸阿萨姆奶茶 (4人饮)

 水温: 100摄氏度   **冲泡时间:** 5~6分钟   **类型:** 热饮   **是否加奶:** 生奶油

　　焦咸甜味食谱通常需要煮熟的酱汁，这里有一个仿制的配方：将烟熏盐、蔗糖和散发着麦芽香的阿萨姆茶混拼在一起，即可制作这款咸甜兼备、广受欢迎的茶饮。

淡味黄油3汤匙

蔗糖3汤匙

烟熏盐1/4茶匙

沸水900毫升

阿萨姆传统红茶（显毫橙黄白毫，TGFOP）3.5茶匙

生奶油120毫升，上茶时使用

1.将黄油、糖和盐放入一个碗中，倒入175毫升的沸水，使糖和盐完全溶解，制成咸味焦糖，放置待用。

2.将茶叶放进茶壶，倒入余下的沸水，冲泡5~6分钟。

3.将过滤后的茶汤倒入杯中，加入咸味焦糖，搅拌均匀。

饮用方式: 在每杯茶里放入一块生奶油，即可饮用。

港式奶茶 (4人饮)

 水温: 100摄氏度   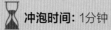 **冲泡时间:** 1分钟   **类型:** 热饮   **是否加奶:** 炼乳

　　港式奶茶又名"丝袜奶茶"，于20世纪50年代开始在中国香港流行。制作港式奶茶时，在加入牛奶和糖之前，须将茶汤在2个煮锅中来回过滤6次。传统上，过滤是使用一个像长筒袜一样的棉布过滤网来完成的，因而得名"丝袜奶茶"。

祁门红茶、阿萨姆红茶和锡兰红茶各取1汤匙

糖3汤匙

175毫升规格的小罐装炼乳2罐

1.900毫升水在锅中高温加热后，放入茶叶，煮1分钟后关火，将茶汤经棉质过滤网过滤到另一个锅中。

2.再将茶汤经盛有茶渣的过滤器倒回第一个锅中，如此重复5次。

3.随后在热茶汤中加入糖，充分搅拌使之溶解，放置备用。再将炼乳放入锅中加热，无须煮沸，加热后关火，倒入茶汤中。

饮用方式: 将调制好的奶茶倒入杯中，趁热饮用。

港式奶茶 这款奶茶是用炼乳调配而成的，口感细腻丝滑。

巧克力无花果茶 <small>(4人饮)</small>

 水温: 100摄氏度　　 **冲泡时间:** 5分钟　　 **类型:** 热饮　　 **是否加奶:** 牛奶(可选)

　　这款茶饮以普洱茶、黑无花果、黑巧克力为原料调配而成。黑无花果的甜正好中和普洱茶的泥土味。需要注意的是,要使用可可含量高的黑巧克力,否则就无法品尝到此款茶饮的经典口味。

黑无花果干果10个

沸水900毫升

黑巧克力20克(70%以上的纯度),切碎

熟普洱茶4汤匙

1.将无花果干果放在沸水中浸泡几分钟,软化后切成小块。

2.将切碎的无花果和巧克力一起放入第一个茶壶中,加入175毫升沸水,搅拌均匀。

3. 另取一个茶壶放入茶叶,加入余下的沸水,冲泡5分钟。将过滤后的茶汤倒入第一个茶壶。

饮用方式: 将茶汤倒入杯中,趁热品饮;也可根据个人喜好,加入牛奶后饮用。

泥土芳香
丝滑
甘甜

西藏酥油茶 <small>(4人饮)</small>

 水温: 100摄氏度　　 **冲泡时间:** 1分钟　　 **类型:** 热饮　　 **是否加奶:** 牛奶

　　西藏酥油茶传统上是以浓度很高的牦牛奶为原料制作而成的,这种口感香浓的咸味酥油茶是当地人的最爱。如果喜欢更丝滑细腻的口感,可少放一点盐,多加些黄油和牛奶。

熟普洱茶2汤匙

盐0.25茶匙

全脂牛奶或厚奶油200毫升

无盐黄油3汤匙

特殊器具: 搅拌机

1.锅中倒入650毫升水,加入茶叶,用中火煮沸。

2.再加入盐继续煮1分钟。关火后,等1分钟再将茶汤过滤到另一个锅中。

3.在茶汤中边搅拌边加入牛奶,用文火煮1分钟后,倒入搅拌机,放上黄油,搅打至起沫。

饮用方式: 将做好的酥油茶倒入碗中或马克杯中,即可饮用。

果园玫瑰茶 (4人饮)

 水温: 100摄氏度　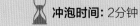 **冲泡时间:** 2分钟　 **类型:** 热饮　 **是否加奶:** 否

　　小豆蔻和玫瑰水给汤色红亮的锡兰红茶增添了一丝异国情调。但茶汤不宜久泡，否则会变涩。而蜂蜜和苹果会给这款茶饮带来怡人的甘甜。

苹果1个, 去核切片

豆蔻豆荚8个, 取出豆荚里的豆蔻籽, 碾碎

玫瑰水1.5茶匙

蜂蜜3茶匙

沸水870毫升

锡兰红茶3.5茶匙

玫瑰花苞4个或苹果薄片4片, 用作装饰点缀

1.将苹果、豆蔻籽、玫瑰水和蜂蜜放入茶壶, 倒入175毫升沸水, 浸泡4分钟。

2.另取一个茶壶, 放入锡兰红茶, 加入余下的热水, 冲泡2分钟。

3.将茶汤过滤至第一个茶壶中, 再泡3分钟。

饮用方式: 将茶汤过滤后倒入杯中, 每杯再放一个玫瑰花苞或一片苹果加以点缀, 随后即可饮用。

香辣锡兰茶 (4人饮)

 水温: 100摄氏度　 **冲泡时间:** 2分钟　 **类型:** 热饮　 **是否加奶:** 否

　　有人喜欢清饮锡兰红茶, 但也有人喜欢在茶汤中加入糖或蜂蜜。此外, 还可以试试这款香辣锡兰茶, 即使茶汤已经开始变凉, 墨西哥辣椒的辛辣也会让你感到口有余温。

青柠皮1.5个

墨西哥辣椒段7.5厘米, 横切成辣椒圈, 保留辣椒籽

沸水900毫升

锡兰红茶3汤匙

青柠4片, 用来装饰点缀

1.将青柠皮和辣椒放到第一个茶壶中, 加入200毫升沸水浸泡。

2.另取一个茶壶放入茶叶, 加入余下的沸水, 冲泡2分钟。

3.把茶汤过滤到第一个壶中, 继续冲泡2分钟。

饮用方式: 将茶汤过滤到杯中, 放上青柠片加以点缀, 即可饮用。

阿萨姆蜜柚冰茶 （双人饮）

 水温: 100摄氏度　 **冲泡时间:** 3分钟　 **类型:** 冷饮　 **是否加奶:** 否

　　柚子是一种亚洲柑橘类水果，口感水润甘甜，鲜嫩清香。虽然在西方很难买到新鲜柚子，但在亚洲商店里可以买到柚子罐头。调配这款茶饮时，要把罐装柚子中的糖分淋洗干净，然后切块备用。加入橙花水可以中和阿萨姆茶的浓烈风味。

柚子皮2汤匙，也可用橘子皮或柠檬皮替代

橙花水6滴

阿萨姆茶2汤匙

沸水450毫升

冰块若干

特殊器具: 捣拌棒或研磨杵

1.将柚子皮均分到2个平底玻璃杯中，每杯滴入3滴橙花水，用捣拌棒或研磨杵捣碎。

2.将茶叶放入茶壶中，加入沸水，冲泡3分钟。

3.将茶汤过滤后倒入2个平底玻璃杯中，静置冷却。

饮用方式: 饮用前加入冰块，摇匀即可。

茶园银霜 （双人饮）

 水温: 100摄氏度　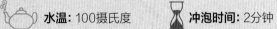 **冲泡时间:** 2分钟　 **类型:** 冷饮　 **是否加奶:** 否

　　这款茶饮的主要配料是风味香醇的锡兰红茶，同时也很好地融合了其他原料的不同风味。如罗勒的甘草特性能给茶汤提味，而柿子又增添了一丝甘甜。

撕碎的新鲜罗勒叶2汤匙，也可用1汤匙干叶替代

柠檬皮一小捏

新鲜柿子，切块，4汤匙；或干柿子丁3汤匙

锡兰红茶2汤匙

沸水500毫升

冰块

特殊器具: 捣拌棒或研磨杵

1.将罗勒和柠檬皮均分到2个玻璃杯中，用捣拌棒或研磨杵捣碎。

2.将柿子放入平底玻璃杯中。

3.将茶叶放入茶壶中，加入沸水，冲泡2分钟。

4.将茶汤过滤后倒入平底玻璃杯中，待其冷却。

饮用方式: 茶汤中加入冰块，即可饮用。

高山秋韵（双人饮）

 水温: 无　　 **冲泡时间:** 8小时　　 **类型:** 冷饮　　 **是否加奶:** 否

　　冷泡茶的美妙之处在于，它可以让茶叶慢慢地释放它的味道，从而产生一种更甜的口感。这款茶饮将大吉岭茶醇滑的特质与葡萄的鲜甜调和在一起，是一款值得期待的佳饮。

无籽绿葡萄15颗, 切片

大吉岭茶（秋摘茶）, 3茶匙

特殊器具: 捣拌棒或研磨杵

1.用捣拌棒或研磨杵将一半的葡萄捣碎，再与另一半葡萄混合，与茶叶一起放到一个容量为750毫升的带盖水壶中。

2.倒入约500毫升的凉水，搅拌后盖上盖子，放入冰箱静置8个小时。

饮用方式: 将茶汤倒入2个平底玻璃杯中，即可饮用。

冰镇云南金针（双人饮）

 水温: 100摄氏度　　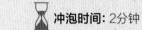 **冲泡时间:** 2分钟　　 **类型:** 冷饮　　 **是否加奶:** 否

　　橙子的甘甜正好能中和云南金针的浓醇味。而橙子和香草的融入，又为这款冰饮提供了怡人的水果风味。

橙子皮0.5茶匙

细砂糖1茶匙

香草豆1厘米长, 切片; 也可用几滴纯香草精油替代

云南金针3茶匙

沸水500毫升

冰块若干

橙子2片, 用于点缀

1.将橙子皮、细砂糖和香草放入一个防烫的大玻璃壶中。

2.将茶叶放入茶壶中，加入沸水，冲泡2分钟。

3.将茶汤过滤到玻璃壶中，搅拌均匀，静置冷却。

饮用方式: 放凉以后加入冰块，倒入2个平底玻璃杯中。每杯放1片橙子用以点缀，即可饮用。

拉茶（双人饮）

拉茶最早出现在殖民时期的印度，现在已经成为全球各地饮茶者的热门选择。不同的香料组合为这款美味香浓的热饮带来不同的口感。

在印度的大街小巷都有拉茶售卖，有的茶摊带有顶篷，有的就在地面放置一个火炉和一个茶壶，茶贩席地而坐制作拉茶。摊贩制茶、倒茶的技艺娴熟，先往牛奶和茶汤里加香料，然后过滤茶汤，再将茶汤提到1米多的高度从一个锅中倒入另一个锅中，动作自然流畅、一气呵成。

需要准备的配料：

丁香6粒

八角2个

肉桂条7.5厘米

小豆蔻5粒

生姜5厘米，切片

阿萨姆红茶1满汤匙

水牛奶或全脂牛奶400毫升

糖或蜂蜜3~4汤匙

特殊器具：

研磨杵和研钵

1 将除姜片外的其他香料放入研钵中。用研磨杵把它们研磨成碎片，香料碎会散发出暖暖的、浓郁的芳香气味。

2 将香料碎、姜片和茶叶放入平底锅中，开中火加热焙炙3~4分钟，使香料和茶叶的香味散发出来。其间，要用木勺不停地翻动，以确保不会炒煳。

香料的香辛味与阿萨姆茶浓强稍
涩的风味可谓绝配。

3 再在平底锅中加入
650 毫升水，用大
火烧开后，转小火浸煮，
同时用勺子不停地搅拌。

4 加入牛奶和糖，继续搅拌，
再炖 2 分钟，让所有的原料
混合均匀。关火，把锅中的茶汤
过滤到茶壶里。

饮用方式

将茶壶提至至少 30 厘米的高度后，冲
倒茶汤至马克杯或茶杯中，在茶汤表面
形成漂亮的茶泡沫后即可饮用。

拉茶大全

　　在第 180 ~ 181 页的拉茶制作方法的基础上，你可以根据自己的口味加入各种不同风味的原料或香料。如果你想喝一杯热辣的拉茶，可加入巧克力、白酒，甚至辣椒；但是不要加入酸性水果，那样会破坏拉茶的口感。

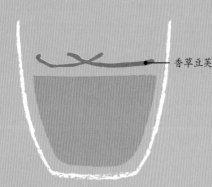

香草豆荚

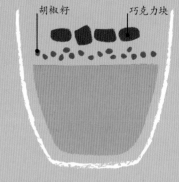

黄油
朗姆酒

胡椒籽　　巧克力块

香草茶

在小火慢炖的时候加入 2 个 2.5 厘米长的剥开的香草豆荚；也可以在关火之前淋入几滴香草或杏仁精油。

黄油朗姆酒热香茶

在拉茶上桌前，每个杯子里加入 2 汤匙朗姆酒和 1 茶匙黄油。如果你喜欢烈一点的口味，可以多加点朗姆酒。

妙味拉茶

这是一款由香料、胡椒粉和巧克力混合而成的美味调饮茶。制作时先加入 1/4 茶匙黑胡椒籽，最后加入 25 克黑巧克力。胡椒籽的量取决于你对辛辣味道的接受程度。如果胡椒过量，可以加些牛奶中和。

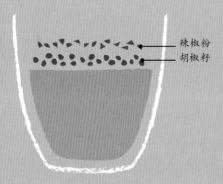

辣椒粉
胡椒籽

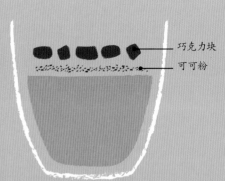

巧克力块

可可粉

热辣拉茶

在研磨香料时，加入 1/4 茶匙黑胡椒籽或辣椒粉（也可两种都加）可制成辣味拉茶。研磨时不要深呼吸，以免辛辣的气味引发咳嗽。在有些地区，胡椒籽是拉茶传统配方中的常见配料。

巧克力拉茶

如果想要喝到更甜更香浓的拉茶，在关火之后、过滤茶汤之前可加入 1 汤匙原味可可粉或 15 克巧克力（2 大块）。若加入 20 克白巧克力（3 大块），则可以调配成细腻香滑的白巧克力拉茶。

制作拉茶时厨房里会香气四溢。

绿拉茶

印度克什米尔地区的拉茶以绿茶为主要配料,替代色泽棕黑、风味浓烈的阿萨姆红茶。绿茶在全球各地供应充足,取材方便。用绿茶制作拉茶时,要减少丁香和肉桂的用量,多放点豆蔻。

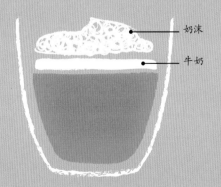

奶沫
牛奶

拉茶拿铁

单独加热一些全脂牛奶,用手持式搅拌机或打奶器打出奶沫,倒在调制好的拉茶上;也可以根据个人口味,用杏仁奶或椰奶代替牛奶。

浓缩拉茶

　　如果能在冰箱里储存一些浓缩的拉茶,需要时就能快速制成一杯冰沙或冰茶,那会是一件非常美妙的事情;或者温一些牛奶,依据个人口味放入 1 ~ 2 勺的浓缩汁,就能制成一杯香滑的拉茶,具体加多少可依据个人口味而定。这种浓缩拉茶很容易制作,只是要花费一点时间。

需要准备的配料:

阿萨姆红茶3汤匙

水1.2升

天然蜂蜜75毫升

香草荚1个, 分开

姜末2茶匙

丁香5粒

碾碎的豆蔻荚10个

小茴香籽1茶匙

肉桂条 3个

豆蔻粉1茶匙

1.将所有原料放到锅中,用中火煎煮约30分钟,直到汤汁煎至仅剩余1/3左右。

2.将茶汤过滤后倒入罐子或瓶子里。冷却后放入冰箱储存。

阿萨姆蜜桃拿铁（双人饮）

 水温: 100摄氏度　　 **冲泡时间:** 3分钟　　 **类型:** 拿铁　　 **是否加奶:** 椰奶

　　香浓的椰奶是这款拿铁的灵魂。香草糖给这款茶饮增添了恰如其分的水果的鲜甜。这款拿铁既可以作为甜品，也可以作为周末早午餐的一道佳饮。

成熟的水蜜桃1个, 去核切片; 也可用桃子罐头替代, 但需淋洗

沸水650毫升

阿萨姆茶3汤匙

香草糖6茶匙

罐装椰子奶油上层厚脂部分150毫升, 外加椰奶2汤匙

特殊器具: 手持式搅拌机

1.将水蜜桃片放入一个茶壶中,加入足量沸水,没过桃子。

2.另取一个茶壶, 放入茶叶, 加入剩余的沸水冲泡3分钟。然后将茶汤过滤到装有桃子的茶壶中, 继续冲泡2分钟。

3.将茶汤倒入碗中, 加入糖、椰子奶油和椰奶。用手持式搅拌机搅打, 直至产生浓郁的泡沫。

饮用方式: 在杯子里加入一点椰子奶油, 趁热饮用。

酸橙拿铁（双人饮）

 水温: 100摄氏度　　 **冲泡时间:** 3分钟　　 **类型:** 拿铁　　 **是否加奶:** 杏仁奶

　　这款拿铁以优质的塞维利亚酸橙酱为原料。酸橙酱的酸味和苦味完美地融合了阿萨姆红茶浓烈的风味。杏仁奶则给这款饮品增添了浓郁的香甜。

阿萨姆红茶3汤匙

沸水650毫升

杏仁甜奶240毫升

酸橙酱2汤匙

1.将茶叶放进茶壶, 加入沸水冲泡3分钟。然后过滤茶汤, 弃去叶底。

2.把杏仁奶和酸橙酱放进锅中, 用小火加热, 直到酸橙酱完全融化。

3.关火, 滤掉橙子皮, 倒入茶壶中。

饮用方式: 将茶汤倒入杯中时, 采用悬壶高冲手法, 可在茶汤表面形成一层漂亮的浮沫, 趁热即可饮用。

浓烈
橙香
顺滑

普洱巧克力鸡尾酒（双人饮）

 水温: 100摄氏度　　 **冲泡时间:** 2分钟　　 **类型:** 鸡尾酒　　 **是否加奶:** 否

　　巧克力和普洱茶两者风味都香浓醇厚，经常搭配在一起作为拼配原料。这款鸡尾酒就是由普洱茶、巧克力苦味酒和白朗姆酒调制而成的，混合后的风味细腻浓郁。

普洱茶3汤匙

沸水400毫升

白朗姆酒120毫升

巧克力苦味酒4茶匙

冰块若干

特殊器具: 鸡尾酒调酒器

1.将茶叶放入茶壶中，加入沸水冲泡2分钟。

2.将茶汤倒入调酒器，静置冷却。然后加入白朗姆酒、巧克力苦味酒，再用冰块加满调酒器。

饮用方式: 快速振摇调酒器数秒，过滤后，倒入鸡尾酒杯，即可饮用。

阿萨姆红茶强化鸡尾酒（双人饮）

 水温: 100摄氏度　　 **冲泡时间:** 3分钟　　 **类型:** 鸡尾酒　　 **是否加奶:** 否

　　这是一款开胃酒饮，口感像是一种加强型的"茶葡萄酒"，也可以用其他红茶替代阿萨姆红茶进行调制。制作完成后可以冷藏数周，如冷冻储藏，可保存6个月之久，也可以用它制作冰饮。

阿萨姆红茶1汤匙

沸水240毫升

糖3汤匙

中干雪利酒175毫升

螺旋柠檬皮4个，用于装饰点缀

1.将茶放进茶壶，倒入沸水，冲泡3分钟。

2.将茶汤过滤到平底锅中，加糖。

3.用大火煮15分钟，直到锅中茶汤仅剩余1/3。

4.待茶汤冷却后，加入雪利酒。

饮用方式: 倒入雪利酒杯或葡萄酒杯，放上螺旋柠檬皮加以点缀，即可饮用。

祁门亚历山大 这是一款以巧克力为基调的鸡尾酒，口感浓郁，泛着麦芽香，为晚宴上的一款佳酿。

祁门亚历山大（双人饮）

 水温: 100摄氏度　　 **冲泡时间:** 3分钟　　 **类型:** 鸡尾酒　　 **是否加奶:** 厚奶油

　　这款鸡尾酒是为了致敬 1910 年左右发明的经典杜松子酒"亚历山大"。这款鸡尾酒用巧克力苦酒、带着麦芽香的祁门红茶和厚奶油替代了可可酒，打造出美味浓郁的口感。

祁门红茶2汤匙

沸水400毫升

黑巧克力20克

杜松子酒120毫升

巧克力苦酒1茶匙

厚奶油3汤匙

1.将茶叶放进茶壶，倒入沸水，冲泡3分钟。

2.把茶汤过滤到水壶中，加入巧克力，搅拌至完全融化，静置冷却。

3.冷却后，加入杜松子酒、巧克力苦酒和高脂厚奶油，搅拌均匀。

饮用方式: 将调制好的酒饮倒入糖边鸡尾酒杯中，即可饮用。

长岛冰茶（双人饮）

 水温: 无　　 **冲泡时间:** 无　　 **类型:** 鸡尾酒　　 **是否加奶:** 否

　　这是一款经典的美式鸡尾酒，它和茶唯一的相似之处是它的颜色。虽然看起来像冰茶，但不要被它的表象所迷惑，因为它可不是茶，喝一口可能就会上头。

杜松子酒、龙舌兰酒、伏特加、白朗姆酒、橙皮酒和单糖浆各30毫升

柠檬汁60毫升

可乐120毫升

冰块若干

柠檬片2片，用于装饰点缀

特殊器具: 鸡尾酒调酒器

1.除可乐之外，将其他所有液体配料倒入鸡尾酒调酒器。加入足量的冰块，快速摇振数秒。

2.把调制好的混合饮料倒入装有冰块的柯林杯中，再倒上可乐。

饮用方式: 每杯放上1片柠檬片加以点缀，即可饮用。

普洱桑格里亚鸡尾酒 (4人饮)

 水温: 100摄氏度　　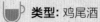 **冲泡时间:** 4分钟　　 **类型:** 鸡尾酒　　 **是否加奶:** 否

　　桑格里亚酒的美妙之处在于可以提前制作,放进冰箱里冷藏数小时后口感更佳。水果吸收了葡萄酒、科尼亚克白兰地和普洱茶的多重风味后,变成一道水果盛宴。在开动之前记得准备好你的勺子!

梨1个, 去核切片

草莓12个, 切片

橙子1个, 切块

普洱茶2汤匙

沸水240毫升

甘曼怡香橙力娇酒75毫升

红葡萄酒400毫升

冰块若干

1.将水果放入一个1.4升容量的玻璃壶中。

2.把普洱茶叶放进茶壶, 加入沸水, 冲泡4分钟。

3.待茶汤冷却后倒入玻璃壶中, 加入甘曼怡香橙力娇酒、红葡萄酒和冰块, 搅拌均匀。

饮用方式: 倒入红酒杯中, 即可饮用。

雨季时光 (4人饮)

 水温: 100摄氏度　　 **冲泡时间:** 无　　 **类型:** 鸡尾酒　　 **是否加奶:** 否

　　在这款由经典红茶和柠檬调制而成的鸡尾茶酒中,锡兰茶浓缩汁浓郁的茶香融合了伏特加浓烈的酒香,而柠檬酒复制了柠檬和糖的酸甜口味。

锡兰红茶浓缩汁4汤匙

　锡兰红茶1汤匙

　沸水240毫升

　糖3汤匙

伏特加和柠檬酒各60毫升

苏打水200毫升

柠檬4片, 用于点缀装饰

特殊器具: 鸡尾酒调酒器

1.按照第185页制作阿萨姆红茶浓缩汁的方法制作锡兰红茶浓缩汁。

2.将伏特加、柠檬酒和锡兰红茶浓缩汁放进鸡尾酒调酒器, 快速摇振1分钟。

饮用方式: 过滤后倒入装着半杯冰块的鸡尾酒专用杯中, 加入苏打水。最后放上柠檬片加以点缀, 即可饮用。

香塔 (4人饮)

 水温: 80摄氏度　　⏳ **冲泡时间:** 2分钟　　🥤 **类型:** 热饮　　🍵 **是否加奶:** 否

　　这款热饮以湖南省洞庭湖所产的君山银针为基本配料，君山银针是一种稀有黄茶，味道醇香清悦，调配后口感清爽。淋入几滴接骨木花甘露酒，香气外溢，同时也完美地融合了茶的甘甜。

君山银针茶3汤匙

80摄氏度的热水900毫升

接骨木花露10滴

1.将茶叶放入茶壶，加入热水，冲泡2分钟。

2.在过滤茶汤之前，加入接骨木花露，并留几片茶叶作为点缀。

饮用方式: 将调配好的茶汤过滤后倒入茶杯或马克杯中，加点茶叶稍作点缀，即可饮用。

甘甜
韵味悠长
柔滑

颐和园冰茶 (双人饮)

 水温: 80摄氏度　　 **冲泡时间:** 2分钟　　 **类型:** 冷饮　　🍵 **是否加奶:** 否

　　霍山黄芽口感清新、韵味悠长，带着点栗香。和杨桃混合后，散发着苹果般的鲜甜；再加上冰块，就变成了一种清爽的夏日佳饮。这款可口的冰饮还带着青香和果香。

杨桃1个，切片；预留两片用于装饰

沸水100毫升，80摄氏度的热水400毫升

霍山黄芽1汤匙

蜂蜜2茶匙

冰块若干

1.将杨桃放进茶壶，加入沸水，浸泡1分钟。

2.壶中加入茶叶和热水，再冲泡2分钟。

3.把茶汤过滤后倒入2个平底玻璃杯中，加入蜂蜜搅拌均匀，静置冷却。放凉后加入冰块，摇匀。

饮用方式: 饮用前，在每个杯子里加1片杨桃作为点缀。

珍珠奶茶（双人饮）

　　珍珠奶茶是一种美味的牛奶或果味饮料，因加入了耐嚼的木薯粉圆而得名。木薯粉圆也被称为"波霸"（boba），从质地、香甜的口感和视觉上增加了奶茶的卖点。珍珠奶茶于 20 世纪 80 年代初起源于中国台湾，此后作为一种多变有趣的饮品在全球各地广受青睐。

如何制作香芋珍珠奶茶

　　这是一款广受欢迎的起泡奶茶，以香芋作为基本原料，奶茶呈现可爱的紫色和奶昔般的浓郁口感。由木薯淀粉制成的"珍珠"会沉在杯底，要用一根粗吸管才能吸食到这些软软弹弹、略带甜味的"珍珠"，因而品饮起来别有一番趣味。

需要准备的配料：

木薯珍珠（足够4人份的）150克

细砂糖225克

芋头200克，去皮，切碎

蜂蜜或糖

特殊器具：

手持式搅拌机

1 在一个大炖锅中加入 2 升的水，煮沸。然后放入木薯珍珠，煮 1 ~ 2 分钟，直到珍珠开始变软，飘浮至水面。然后盖上锅盖，中火焖煮 5 分钟。

2 用漏勺将珍珠捞出，放到装有冷水的碗中，以防粘连。另将细砂糖放入240毫升水中煮沸，冷却后把珍珠放入糖水中，浸泡 15 分钟。

香芋
香芋富含钾和膳食纤维，食用方法多样，可烧、可煮、可烤。

3 把香芋放入 480 毫升的水中煮 20 分钟或煮到变软为止。关火，将芋头沥干。随后根据自己所需的浓稠度，将沥干的芋头、适量的水或牛奶放到搅拌机中搅匀。再根据个人口味，加入蜂蜜或糖进行调味。然后倒入 2 个玻璃杯中，并在每个杯中加入 1/4 量的甜木薯珍珠。

香芋珍珠奶茶 品饮这款口感怡人的奶茶最好配着刚刚做好的新鲜木薯珍珠。

如何制作"爆爆珠"

　　"球面胶化"是通过海藻酸钠和钙离子发生反应，从而将液体变成球状物的过程。这种分子烹饪技术目前已经广泛应用于珍珠奶茶的制作，使用这种技术，可以尝试用各种果汁和茶制作爆爆珠（译者注：又称"爆浆珍珠"），来替代传统的木薯珍珠。

需要准备的配料：

海藻酸钠粉60克

氯化钙10克

果汁、花草茶饮或茶，用于给海藻酸钠调味

特殊器具：

手持式搅拌机

注射器或挤压瓶

如果你不想花费太多的时间来制作爆爆珠，可以将原材料减半，从而减少制作时间。

1 取一个深口碗，倒入 650 毫升水，加入 60 克海藻酸钠，混合 5 ~ 10 分钟后，倒入一个容量为 2 升的锅中，煮沸后倒回碗里，完全冷却后待用。

2 另取一个碗，按照体积比，倒入 2 份果汁或浓茶汤，3 份凉的海藻酸钠液体。再准备一个深碗，倒入 2 升水，加入 10 克氯化钙搅拌 1 ~ 2 分钟，直至完全溶解，变成无色液体。

3 使用注射器或挤压瓶，将海藻酸钠混合液滴入装有氯化钙溶液的碗中，一滴形成一个爆爆珠。

4 用漏勺将爆爆珠捞出。要立刻食用，否则它们会在几个小时后变硬。在 2 个玻璃杯中分别倒入 250 毫升自己喜欢的茶汤，各加入 1/4 量的爆爆珠，即可饮用。

爆爆珠 奶茶中的爆爆珠注满了果汁或其他口味的饮料，每一口咬下去都是惊喜。

珍珠奶茶大全

一旦你学会制作前面所讲到的传统珍珠奶茶（见第190页），就可以开始尝试各种不同口味的配方了。你可以尝试以不同的茶、花草茶和果汁为原料，调制出千变万化的各种奶茶。下面是一些不同风味的奶茶配方，希望起到抛砖引玉的作用。

泡沫

阿萨姆红茶、杞果和蜂蜜混合饮

纯木薯波霸

传统拉茶

巧克力牛奶波霸

泡沫

菠萝和椰汁

菠萝汁波霸

杞果红茶

使用风味浓郁的阿萨姆红茶与杞果相配，加入天然蜂蜜提味。配上纯木薯波霸，入口是满满的杞果香。

椰汁菠萝茶

将菠萝切片，与椰汁混合，加入菠萝汁波霸。

拉茶

在传统拉茶里加入巧克力牛奶波霸，会给饮用者增添一份惊喜。

加入抹茶的薄荷茶

薄荷茶波霸

可可粉、杏仁奶和蜂蜜混合饮

木薯波霸

乌龙茶

杏汁波霸

薄荷抹茶

在薄荷茶里加入一些抹茶粉，用力搅拌均匀，再加入一些薄荷茶波霸。

巧克力杏仁奶茶

将加热过的杏仁奶、天然蜂蜜和无糖可可粉混合，再加入木薯波霸。

杏汁铁观音茶

在清香的乌龙茶茶汤中加入杏汁波霸。

双人饮基本配方

冲泡好的茶汤500毫升

果泥240毫升（如无特殊要求）

波霸240毫升

冰块 6块（如无特殊要求）

软软弹弹、富有嚼劲的"波霸"给奶茶增添了质感和趣味。

珠茶和椰奶

椰奶波霸

椰奶珠茶

将珠茶和椰奶混合，加入椰奶波霸。

寿眉和米奶混合饮

梨汁波霸

米奶寿眉

将寿眉茶汤与加热过的甜米奶混合，加入梨汁波霸。

洋甘菊茶和杏仁奶混合饮

菠萝汁波霸

杏仁奶洋甘菊茶

将洋甘菊茶和热杏仁奶混合，加入菠萝汁波霸。

蜂蜜薄荷茶混合饮

冰块

柠檬波霸

蜂蜜薄荷茶

薄荷茶中放入冰块和天然蜂蜜，搅匀后再加入柠檬波霸。

泡沫

洋甘菊茶、橙子、菠萝和蜂蜜混合饮

冰块

椰奶波霸

菠橙洋甘菊茶

将洋甘菊茶和橙子、菠萝混合在一起，加入冰块和天然蜂蜜，搅匀后再加入椰奶波霸。

姜汁杏仁奶混合饮

姜汁啤酒波霸

姜汁杏仁奶茶

将原味杏仁奶和姜末混合加热，过滤后加入姜汁啤酒波霸。

橙香图尔西茶 (4人饮)

 水温: 100摄氏度　　 **冲泡时间:** 5分钟　　 **类型:** 热饮　　 **是否加奶:** 否

　　图尔西,亦称圣罗勒,有着辛辣甜香的风味,会让人想起黑胡椒和茴香。当图尔西与橙子和肉桂混合在一起时,会释放出刺激的味道。

7.5厘米长的肉桂条3根

碾碎的橙子皮3茶匙

鲜橙4片,用于点缀

沸水870毫升

图尔西叶4汤匙

1.将肉桂和橙皮放入一个茶壶中,加入120毫升沸水浸泡。

2.另取一个茶壶放入图尔西叶,倒入余下的沸水,浸泡5分钟。

3.将图尔西汤汁过滤后倒入第一个壶中。

饮用方式: 将混合后的茶汤过滤到马克杯中,每个杯子里加1片橙子作为点缀,即可饮用。

刺激
辛辣
温暖

姜汁苹果波士茶 (4人饮)

 水温: 100摄氏度　　 **冲泡时间:** 6分钟　　 **类型:** 热饮　　 **是否加奶:** 否

　　路易波士茶与水果和香料混合后,增加了水果的芬芳。鲜姜和苹果提升了茶汤的甜爽味。这款茶清咽润喉的效果显著,是一款非常适合晚间提神的不含咖啡因的饮品。

苹果1个,去核切片

另外切4片薄薄的苹果片,用于点缀茶汤

姜末0.5茶匙

沸水870毫升

路易波士茶3汤匙

1.把苹果和姜末放入茶壶中,倒入120毫升的沸水浸泡。

2.另取一个茶壶放入路易波士茶,加入剩余的沸水,冲泡6分钟。

3.把茶汤过滤到第一个壶中,再泡1分钟。

饮用方式: 将混合后的茶饮过滤到茶杯或马克杯中,每杯加1片苹果作为点缀,即可饮用。

海滨庄园茶（4人饮）

 水温: 100摄氏度　　 **冲泡时间:** 5分钟　　 **类型:** 热饮　　 **是否加奶:** 否

　　月桂有着独特的草木香，通常用于地中海式美食制作。将散发着果香的茶汤倒出以后，还可以尝一尝浸着月桂香的甘美的无花果。

无花果8个，切片

新鲜月桂或干叶3片，撕碎

甘草粉一小捏

沸水900毫升

特殊器具: 捣拌棒或研磨杵

1.将无花果放入碗里，用捣拌棒或研磨杵捣碎。

2.把捣碎的无花果和月桂叶放入茶壶里，加入甘草粉，壶里注入沸水，浸泡5分钟。

饮用方式: 过滤后倒入杯中，趁热饮用。

炭烤菊苣摩卡（4人饮）

 水温: 100摄氏度　　 **冲泡时间:** 4分钟　　 **类型:** 热饮　　 **是否加奶:** 牛奶（可选）

　　生可可粒味道微苦，但富含抗氧化剂；而烤菊苣长期以来被用作咖啡的替代品，有排毒、助消化的功效。两者混搭在一起，成为一种健康的功能饮品。

烤菊苣根2汤匙，粗磨

生可可豆12个，碾碎

沸水900毫升

蜂蜜或糖，用于提味

黑巧克力4块，用于搭配

1.把烤菊苣根和可可豆（连壳一起）放入茶壶。

2.壶中加入沸水，浸泡4分钟。

3.将茶汤过滤后，倒入茶杯或马克杯中，加蜂蜜或糖提味。

饮用方式: 每个杯中加入一块黑巧克力作为搭配，即可饮用。

覆盆子柠檬马鞭草茶 (4人饮)

 水温: 100摄氏度　　 **冲泡时间:** 4分钟　　 **类型:** 热饮　　 **是否加奶:** 否

　　覆盆子赋予这款茶汤美丽的珊瑚红,而马鞭草有着安神镇静、舒缓情绪、助消化的天然功效,两者混合而成的草本茶是一种健康饮品,其中的柠檬味浓而不酸。

大覆盆子鲜果或冷冻果10个;另备4个用作点缀

柠檬马鞭草干叶3汤匙

沸水900毫升

特殊器具: 捣拌棒或研磨杵

1.将覆盆子放入茶壶,用捣拌棒或研磨杵捣碎。

2.加入柠檬马鞭草,倒入沸水,浸泡4分钟。

饮用方式: 将调制好的茶汤过滤后倒入茶杯或马克杯中,每个杯中放1个覆盆子作为点缀,即可饮用。

路易波士花草茶 (4人饮)

 水温: 100摄氏度　　 **冲泡时间:** 4分钟　　 **类型:** 热饮　　 **是否加奶:** 否

　　这是一款经典的花草茶,所用配料均为干花草。其中的洋甘菊和薰衣草使人平静、舒缓、放松;而路易波士茶作为这款花草茶的基本配料,富含抗氧化物质,赋予了这款茶饮浓郁的基础风味和美丽的红铜色。

路易波士茶1汤匙

洋甘菊3汤匙;另准备一些用作点缀

薰衣草花蕾约30个;另准备一些用作点缀

沸水900毫升

1.将路易波士茶和洋甘菊、薰衣草花蕾一起放入茶壶中,倒入沸水,冲泡4分钟。

2.将茶汤过滤到茶杯或马克杯中。

饮用方式: 每杯都放上一些薰衣草和洋甘菊作为点缀,即可饮用。

舒缓
镇静
芬芳

覆盆子（山莓）柠檬马鞭草茶
此款茶饮汤色明亮，口味浓辛，果香四溢，有安神之效。

春意盎然 (4人饮)

 水温: 100摄氏度   **冲泡时间:** 5分钟   **类型:** 热饮   **是否加奶:** 否

    接骨木花香味很浓,只需少量即可提味;而桑叶是天然的甜味剂。这两者的混合开启了香和甜两种风味微妙的平衡。

干桑叶5汤匙

接骨木干花2茶匙

沸水900毫升

1.将桑叶和接骨木花放入茶壶。

2.壶中加入沸水,冲泡5分钟。

饮用方式: 过滤后分装至茶杯或马克杯中,趁热饮用。

舒缓
甘甜
精妙

茴香柠檬草香梨茶 (4人饮)

 水温: 100摄氏度   **冲泡时间:** 5分钟   **类型:** 热饮   **是否加奶:** 否

    柠檬草富含抗氧化物质,而茴香具有助消化、消炎、排毒等多重功效。将两者混配而成的这款花草茶饮口味甘甜、清新爽口,益处很多。

梨1个, 去核切片

干柠檬草1.5茶匙

茴香籽1茶匙

沸水900毫升

特殊器具: 捣拌棒或研磨杵

1.用捣拌棒或研磨杵将一半的梨捣碎,放入茶壶中,加入另一半梨、柠檬草和茴香籽。

2.壶中倒入沸水,浸泡5分钟。

饮用方式: 过滤后分装至茶杯或马克杯中,趁热饮用。

洋甘菊竹叶菠萝茶 (4人饮)

 水温: 100摄氏度　　 **冲泡时间:** 5分钟　　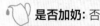 **类型:** 热饮　　 **是否加奶:** 否

　　竹叶轻如鸿毛,为杯中的茶汤增添了一抹美丽的绿色。竹叶茶不含咖啡因,可以作为绿茶的替代品提神醒脑。而加入菠萝则可以提升洋甘菊的天然果香。

干竹叶8汤匙,多备一些用作点缀

洋甘菊干花1汤匙

菠萝65克,切丁

沸水900毫升

1.将竹叶、洋甘菊和菠萝放入茶壶中。

2.壶中加沸水,浸泡5分钟。

饮用方式: 过滤后倒入白色瓷杯,以衬托出茶汤明亮的绿色。杯子里放上几片竹叶作为点缀,即可趁热饮用。

玫瑰果柠檬姜茶 (4人饮)

 水温: 100摄氏度　　 **冲泡时间:** 5分钟　　 **类型:** 热饮　　 **是否加奶:** 否

　　这款花草茶的配方很经典,有着很好的健康功效。其中玫瑰果富含维生素 C,而生姜和柠檬有着很好的抗感冒和消炎功效。

干玫瑰果20克,碾碎

姜末0.5茶匙

柠檬皮0.5茶匙;另外准备4片柠檬,用于点缀茶汤

沸水900毫升

蜂蜜(可不加)

1.将玫瑰果、姜末和柠檬皮放入茶壶中,倒入沸水。

2.浸泡5分钟后,过滤到4个茶杯或马克杯中。

饮用方式: 分别在每个杯中放上1片柠檬加以点缀,可依据个人口味决定是否加入蜂蜜,趁热饮用。

舒缓

浓辛

果馥

玫瑰路易波士茶（双人饮）

 水温: 100摄氏度　　 **冲泡时间:** 5分钟　　 **类型:** 冷饮　　 **是否加奶:** 否

　　路易波士茶非常适合作为茶底，与其他配料混合制作花草茶。这款茶冲泡后的汤色为漂亮的深琥珀色，加入玫瑰花苞和香草后香气高扬，品饮起来别有一番风韵。

玫瑰花苞2汤匙, 研磨略碎

路易波士茶1汤匙

2.5厘米长的香草荚, 剖开

沸水500毫升

冰块若干

1.留2个玫瑰花苞作为点缀, 余下的玫瑰花苞和路易波士茶、香草荚放入茶壶。加入沸水, 冲泡5分钟。

2.过滤后倒入玻璃杯中, 冷却。

饮用方式: 分装至2个平底杯中, 分别加入冰块, 搅拌均匀, 放上1个玫瑰花苞作为点缀, 即可饮用。

夏日黄瓜清凉饮（双人饮）

 水温: 100摄氏度　　 **冲泡时间:** 5分钟　　 **类型:** 冷饮　　 **是否加奶:** 否

　　这是一款夏日清凉特饮, 消暑降温、生津止渴。制作时不宜使用罗勒和薄荷干叶, 最好使用新鲜叶, 这样会更加清新爽口。

碎薄荷叶1汤匙

碎罗勒叶1汤匙

黄瓜半根, 切片

沸水500毫升

冰块若干

特殊器具: 捣拌棒或研磨杵

1.用捣拌棒或研磨杵将罗勒叶和薄荷叶捣碎, 挤出汁水。

2.放入茶壶, 加入沸水, 浸泡5分钟, 静置冷却。

3.将黄瓜片均分, 装到2个平底玻璃杯中, 倒入冷却后的混合茶饮。

饮用方式: 加入冰块后饮用。

玫瑰路易波士茶 这款冰茶不含咖啡因，香甜可口，汤色诱人。

花果之盟（双人饮）

 水温: 100摄氏度　　 **冲泡时间:** 5分钟　　 **类型:** 冷饮　　 **是否加奶:** 否

　　接骨木花在初夏绽放，而接骨木果成熟时则标志着秋日伊始。因此只有干花和干果才能彼此遇见。接骨木果为这款茶饮带来了漂亮的水晶石榴红，在阳光和煦的秋日，一款这样的冰茶余韵悠长。

接骨木干花1汤匙

接骨木干果1.25茶匙

沸水500毫升

蜂蜜1茶匙

冰块若干

1.把接骨木花和接骨木果放入茶壶，加入沸水，浸泡5分钟。

2.将茶汤过滤到玻璃壶中，加入蜂蜜，搅拌均匀，静置放凉。留几个泡开的接骨木花以点缀茶汤。

饮用方式: 倒入2个平底玻璃杯中，加入冰块，搅匀。放上接骨木花加以点缀后，即可饮用。

红红的红三叶茶（双人饮）

 水温: 100摄氏度　　 **冲泡时间:** 5分钟　　 **类型:** 冷饮　　 **是否加奶:** 否

　　洋甘菊冲泡后香气馥郁、口感甘甜。制作这款茶饮时只需放入少量洋甘菊，以免盖过红三叶的风味。洋甘菊和红三叶都有安神镇静的功效，而苹果有消炎的作用。

洋甘菊干花1汤匙

红三叶干花3汤匙，稍微撕碎

大苹果1个，切丁；另切4个薄片作为点缀

沸水500毫升

冰块若干

1.将洋甘菊干花、红三叶干花和苹果丁一起放入茶壶中，加入沸水，浸泡5分钟。

2.将茶汤过滤到一个玻璃壶中，静置冷却。

饮用方式: 将已冷却的茶汤倒入2个平底玻璃杯中，加入冰块，搅匀。放上苹果薄片加以点缀，即可饮用。

马黛姜茶（双人饮）

 水温: 90摄氏度　　 **冲泡时间:** 5分钟　　 **类型:** 冷饮　　 **是否加奶:** 否

　　南美人饮用马黛茶的传统习俗是在葫芦形的杯子里插入一个专用吸管，小口啜吸，同一杯茶在客人之间传递共饮。下面是加了姜末和蜂蜜的简单的冰镇版马黛茶。

马黛茶2汤匙

姜末0.5茶匙

90摄氏度的热水500毫升

蜂蜜1茶匙

冰块若干

1.将马黛茶和姜末放入茶壶，加入热水，冲泡5分钟。

2.将茶汤过滤后倒入一个玻璃壶中，加入蜂蜜，搅拌均匀，冷却后放入冰箱冰镇。

饮用方式: 将冰镇茶汤倒入2个平底玻璃杯中，加入冰块，即可饮用。

茴香黑樱桃茶（双人饮）

 水温: 100摄氏度　　 **冲泡时间:** 5分钟　　 **类型:** 冷饮　　 **是否加奶:** 否

　　茴香带有天然的甜味，风味类似甘草，与黑樱桃中的果糖能够很好地结合，并给这款果饮添加了意想不到的香辛口感。

黑樱桃鲜果或冷冻果20个，去核，切半，留几个作为点缀

茴香籽1茶匙

沸水500毫升

冰块若干

特殊器具: 捣拌棒或研磨杵

1.将黑樱桃放入茶壶，用捣拌棒或研磨杵捣碎。加入茴香籽，倒入沸水，浸泡5分钟。

2.将汤汁过滤后倒入一个玻璃壶中，放凉后放入冰箱冰镇。

3.放入冰块，搅匀。

饮用方式: 将调制好的茶饮倒入2个平底玻璃杯中，放上预留的黑樱桃加以点缀，即可饮用。

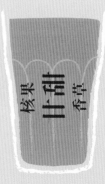

酸橙马黛冰茶（双人饮）

 水温: 100摄氏度　　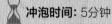 **冲泡时间:** 5分钟　　 **类型:** 冷饮　　 **是否加奶:** 否

　　马黛是冬青科的一种植物，原产于南美洲，南美人饮用马黛茶由来已久。它的味道微苦，但是传统马黛茶爱好者喜爱的就是这种口感。下面这个配方里加入了甘草和酸橙，甘草增加了茶汤的甜味，酸橙则中和了马黛茶的苦和甘草的甜。

马黛干茶2汤匙

甘草粉0.5茶匙

酸橙皮1茶匙，另外留2片酸橙片作点缀

沸水500毫升

冰块若干

1.将马黛茶、甘草和酸橙皮放入茶壶，加入沸水，冲泡5分钟。

2.将冲泡后的茶汤过滤到一个玻璃壶中，静置放凉。

饮用方式: 将茶汤倒入2个平底玻璃杯中，加入冰块，搅拌均匀。最后放上酸橙片加以点缀，即可饮用。

甘甜　烟熏　橙香

玫瑰橙霜茶（双人饮）

 水温: 100摄氏度　　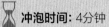 **冲泡时间:** 4分钟　　 **类型:** 冷饮　　 **是否加奶:** 否

　　芙蓉花在冲泡后会呈现美丽的橙红色，因此常常被用于调配花草茶。而蜂蜜可以中和玫瑰果和芙蓉花的酸味。这三者混合在一起调制成的茶饮是一款滋补佳饮，能助消化、防感冒。

干芙蓉花1茶匙

玫瑰果8个，碾碎

丁香3个

橙子皮1茶匙，另准备2片橙子作点缀

沸水500毫升

蜂蜜4茶匙

冰块若干

1.将芙蓉花、玫瑰果和丁香、橙皮一起放入茶壶。

2.壶中倒入沸水，浸泡5分钟。

3.将泡好的茶饮过滤后倒入一个玻璃壶中，加入蜂蜜，搅拌均匀，静置放凉。

饮用方式: 将冷却后的茶汤倒入2个装有冰块的平底玻璃杯中，各放上1片橙子加以点缀，即可饮用。

黑加仑利口鸡尾酒（双人饮）

 水温： 100摄氏度　　 **冲泡时间：** 5分钟　　 **类型：** 鸡尾酒　　 **是否加奶：** 否

　　由黑加仑（黑醋栗）制成的深红色甜美利口酒赋予了这款鸡尾酒独特的甜香；而在地中海美食中常用到的茴香，以其特有的甘草香给这款鸡尾酒带来令人惊艳的风味。

茴香籽碎3汤匙

沸水400毫升

伏特加60毫升

黑加仑利口酒60毫升

冰块若干

特殊器具： 鸡尾酒调酒器

1.将茴香籽放入茶壶，加入沸水，浸泡5分钟。

2.将泡好的茶水过滤到鸡尾酒调酒器中，静置放凉。

3.将伏特加、黑加仑利口酒倒入调酒器，加入足量冰块，快速摇振30秒。

饮用方式： 将调制好的鸡尾酒倒入2个鸡尾酒杯中，即可品饮。

南方阳台（双人饮）

 水温： 100摄氏度　　 **冲泡时间：** 5分钟　　 **类型：** 鸡尾酒　　 **是否加奶：** 否

　　洋甘菊独特的菠萝香完美地融合了波旁威士忌的烟熏风味，在夏日的夜晚，这款芳香的鸡尾酒给人带来无尽的享受。

洋甘菊干花5汤匙

沸水400毫升

波旁威士忌120毫升

薰衣草苦味酒0.5茶匙

冰块若干

特殊器具： 鸡尾酒调酒器

1.将洋甘菊干花放入茶壶，倒入沸水，冲泡5分钟。然后过滤到鸡尾酒调酒器中，放置冷却。

2.在调酒器中加入波旁威士忌、薰衣草苦味酒和足量的冰块，快速摇振数秒。

饮用方式： 将调制好的鸡尾酒过滤后倒入2个鸡尾酒杯中，即可品饮。

路易波士茶香鸡尾酒（双人饮）

 水温: 100摄氏度　　 **冲泡时间:** 5分钟　　 **类型:** 鸡尾酒　　 **是否加奶:** 否

　　经典的马提尼鸡尾酒可稍加改变，调制成茶香马提尼。这款鸡尾酒是将杜松子酒特有的杜松子味与甜苦艾酒相结合，而不是用通常的干苦艾酒。路易波士的芬芳甘甜是这款鸡尾酒的精华所在。

路易波士茶2汤匙

沸水400毫升

杜松子酒60毫升

甜苦艾酒60毫升

冰块若干

1.将路易波士茶放入茶壶，倒入沸水，冲泡5分钟。

2.将茶汤过滤到调酒器中，静置放凉。

3.在调酒器中加入杜松子酒、甜苦艾酒和足量冰块，快速摇振数秒。

饮用方式: 将调制好的鸡尾酒倒入2个鸡尾酒杯中，放上螺旋酸橙皮加以点缀，即可品饮。

柠檬马黛茶香鸡尾酒（双人饮）

 水温: 100摄氏度　　 **冲泡时间:** 5分钟　　 **类型:** 鸡尾酒　　 **是否加奶:** 否

　　有人说马黛茶的口感像绿茶，和绿茶不同的是它还有着淡淡的烟草香，这种风味与柠檬酒是完美混搭。柠檬马黛是一款甜味鸡尾酒，饮用时一定要加冰块。

马黛茶3汤匙

沸水400毫升

柠檬酒120毫升

冰块若干

螺旋柠檬皮（4圈），用于点缀

特殊器具: 鸡尾酒调酒器

1.将马黛茶放入茶壶，加入沸水，冲泡5分钟。

2.把茶汤过滤到调酒器中，静置放凉。

3.将柠檬酒倒入调酒器，加入足量冰块，快速摇振数秒。

饮用方法: 将调制好的鸡尾酒过滤后倒入2个鸡尾酒杯中，放上螺旋柠檬皮加以点缀，即可品饮。

路易波士茶香鸡尾酒 这款鸡尾酒在经典马提尼的基础上加入了草本植物和酸橙，因而果香四溢。

香橙奶昔（双人饮）

 水温: 无　　⧗ **冲泡时间:** 无　　☕ **类型:** 奶昔　　🍶 **是否加奶:** 杏仁奶

　　这款美味的香橙奶昔清凉可口，富含维生素 C。橙皮和生姜的解毒与舒缓功效使得它成为一款晨间的提神佳品。

柳丁1个，榨汁；加1茶匙碎橙皮

姜末0.5茶匙

原味低脂优酪乳350毫升

火麻籽2茶匙

杏仁甜奶120毫升

特殊器具: 搅拌机

1.将橙汁、橙皮、姜末、优酪乳和火麻籽放入搅拌机，搅打均匀。

2.加入杏仁奶，继续搅拌，直到打成奶油状。

饮用方式: 将调配好的奶昔倒入2个大口平底玻璃杯中，即可饮用。

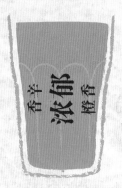

桂花刨冰（双人饮）

 水温: 100摄氏度　　⧗ **冲泡时间:** 5分钟　　 **类型:** 刨冰　　 **是否加奶:** 否

　　桂花因其沁人心脾的清香经常被用于窨制绿茶。本款配方用桂花和荔枝调制出一款难得的佳饮，口感清新，泡沫丰富。

干桂花1汤匙

沸水240毫升

罐装荔枝浆4茶匙

罐装荔枝8个

椰汁240毫升

冰块4块

特殊器具: 搅拌机

1.将桂花放入茶壶，加入沸水，浸泡5分钟，静置放凉。

2.将泡好的桂花茶过滤到搅拌机中，加入荔枝浆、荔枝肉和椰汁，搅打至细滑。

3.加入冰块后，再次搅打，直到打成碎冰状。

饮用方式: 将打好的刨冰倒入2个平底玻璃杯中，立即饮用。

果味泡沫刨冰 (双人饮)

 水温: 无　　⏳ **冲泡时间:** 无　　☕ **类型:** 刨冰　　🫖 **是否加奶:** 否

　　梨和苹果中的果胶是一种天然的增稠剂，两者混合后稍加搅打，就会呈现出丰富的泡沫。玫瑰水略微增添了这款果饮的甜度，而果皮中的槲皮素有提高免疫力的功效。

梨1个，去核切片，不削皮

苹果1个，去核切片，不削皮

柠檬皮1茶匙

玫瑰水1.5茶匙

冰块10块

特殊器具: 搅拌机

1.将梨片、苹果片、柠檬皮、玫瑰水放入搅拌器。倒入240毫升水，搅拌至细滑。

2.加入冰块，继续搅拌，直至打成碎冰状。

饮用方式: 将打好的刨冰倒入2个平底玻璃杯中，立即饮用。

甜辛路易波士刨冰 (双人饮)

 水温: 100摄氏度　　⏳ **冲泡时间:** 5分钟　　☕ **类型:** 刨冰　　🫖 **是否加奶:** 否

　　新鲜的水果刨冰做好后要即刻饮用，否则刨冰颜色很快会变黑。豆蔻助消化，有排毒功效，还能防治感冒。加入豆蔻以后，这款冰饮不仅有桃子的甜，还有豆蔻特有的香辛口感。

路易波士茶1满汤匙

沸水500毫升

熟桃或罐装桃2个，去核切片

豆蔻粉0.5茶匙

蜂蜜3茶匙

冰块5块

特殊器具: 搅拌机

1.将路易波士茶放入茶壶中，用沸水冲泡5分钟后过滤茶汤，静置放凉。

2.将桃肉、豆蔻粉和蜂蜜放入搅拌机，倒入放凉后的茶汤，搅拌至细滑。

3.加入冰块，继续搅拌至起沫。

饮用方式: 将打好的刨冰倒入2个大口平底玻璃杯中，即可饮用。

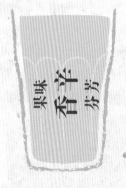

清凉热带漂浮（双人饮）

 水温: 无　　 **冲泡时间:** 无　　 **类型:** 冰激凌饮　　**是否加奶:** 否

　　这款美味甜品是冰沙和冰激凌的混合体。薄荷赋予了这款甜品清新的口感，但让人眼前一亮的是冰饮表面漂浮在姜汁泡沫里的优酪乳冰激凌球。

猕猴桃1个，去皮切碎

大片薄荷叶5片；外加2小枝薄荷，用于装饰

凤梨65克，切丁

香草酸奶冰激凌2大勺

姜汁啤酒或姜汁汽水240毫升

特殊器具: 搅拌机

1.将猕猴桃、薄荷叶、凤梨丁和120毫升水放入搅拌机，搅拌成细滑状。

2.搅拌后倒入2个平底玻璃杯中，每个杯子里放上一个香草酸奶冰激凌球。

饮用方式: 浇上姜汁啤酒，放上薄荷枝加以装饰，插上吸管即可享用。

薄荷思慕雪（双人饮）

 水温: 无　　 **冲泡时间:** 无　　 **类型:** 奶昔　　 **是否加奶:** 杏仁奶

　　制作这款奶昔要用留兰香薄荷叶，因为它的颜色比其他品种的薄荷更加翠绿。放入牛油果增添了醇厚的奶油味。虽然加入了水和杏仁奶，但这款甜品最好还是配汤匙享用。

牛油果半个，挖出果肉

黄瓜1/4根，去皮去瓤，切丁

切碎的留兰香薄荷叶2汤匙

杏仁甜奶175毫升

特殊器具: 搅拌机

1.将牛油果、黄瓜和留兰香放入搅拌机，搅拌均匀。

2.在搅拌机中倒入175毫升水和杏仁甜奶，搅打约1分钟，直到打成细腻状。

饮用方式: 将奶昔倒入2个平底玻璃杯中，即可饮用。

清凉热带漂浮 姜汁啤酒和酸奶冰激凌联袂打造出这款泡沫丰富的甜品。

芦荟刨冰（双人饮）

 水温: 无　　 **冲泡时间:** 无　　 **类型:** 刨冰　　 **是否加奶:** 否

　　将甜美的水果和香草调和在一起，似乎有些怪异，但事实上，罗勒的薄荷香和甘草味与草莓非常搭配，而芦荟汁打出的丰富泡沫更是让人欣喜。

草莓10个, 切片

切碎的罗勒叶2汤匙

芦荟汁240毫升

冰块4块

特殊器具: 搅拌机

1.将草莓、罗勒叶和芦荟汁倒入搅拌机中, 搅打到细腻起泡。之所以出现丰富的泡沫, 是因为芦荟汁里含有芦荟胶。

2.加入冰块后继续搅打, 直至将冰块打碎。

饮用方式: 将搅打后的刨冰倒入2个大口平底玻璃杯中, 即可饮用。

玛雅日落（双人饮）

 水温: 无　　 **冲泡时间:** 无　　 **类型:** 奶昔　　 **是否加奶:** 杏仁奶

　　这款饮品风味独特，可以稍稍调整甜度来适应个人的口味。如果你喜欢刺激一点的口味，还可以加一点辣椒粉来增加热辣的口感。

原味可可粉2汤匙

磨碎的肉桂0.25茶匙

辣椒粉1茶匙

蜂蜜3汤匙

嫩豆腐半块或150克, 切丁

杏仁奶350毫升

特殊器具: 搅拌机

1.把可可粉、肉桂和辣椒粉放入搅拌机, 加入蜂蜜、豆腐和杏仁奶。

2.搅打成细腻的奶昔状。

饮用方式: 倒入2个大口平底玻璃杯中, 即可饮用。

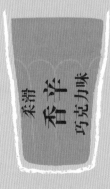

椰子青柠漂浮（双人饮）

 水温: 100摄氏度　　 **冲泡时间:** 5分钟　　 **类型:** 冰激凌饮　　 **是否加奶:** 椰奶冰激凌

　　这款起泡甜品香气馥郁，充满异域风情，青柠叶的柑橘香与椰奶冰激凌完美地融合在一起，品尝起来如同置身于某个热带岛屿上。

撕碎的青柠叶8汤匙

薰衣草花蕾一小捏

沸水240毫升

椰奶冰激凌2大勺

冰镇苏打水240毫升

1.将青柠叶和薰衣草花放入茶壶，加入沸水，浸泡5分钟。

2.浸泡后的茶汤过滤后倒入一个玻璃壶中，冷却后放入冰箱冷藏1小时。

饮用方式: 在每个平底玻璃杯中各放入一勺椰奶冰激凌球，浇入调制好的冷茶汤，缓缓摇匀，最后加入冰镇苏打水，即可饮用。

阳光杧果奶昔（双人饮）

 水温: 无　　 **冲泡时间:** 无　　 **类型:** 奶昔　　 **是否加奶:** 杏仁奶

　　这款甜品因为姜黄根中的姜黄素而呈现出柔和的姜黄色，姜黄根富含抗氧化剂，与杧果和酸奶混合在一起，调制出一款如奶油般丝滑的甜品。

杧果1个，切片

碾碎的姜黄根1茶匙; 或姜黄粉0.5茶匙

原味低脂酸奶150毫升

蜂蜜1茶匙

杏仁甜奶300毫升

特殊器具: 搅拌机

1.将杧果、姜黄、酸奶和蜂蜜一起放入搅拌机中，搅打数秒。

2.加入杏仁奶继续搅打，直至打成细滑的奶昔。

饮用方式: 将奶昔倒入2个平底玻璃杯中，即可饮用。

术语表

收敛性（astringent）：茶汤入口后的质感，是一种引起口腔组织收缩的感觉。

阿育吠陀（Ayurveda）：印度传统医学体系，以植物作为基本治疗手段。

秋摘茶（autumnal）：在秋季9—10月采摘的茶叶，以风味醇厚为主要特点。

醇度（body）：茶汤整体口感，通常与红茶相关。

砖茶（brick tea）：将茶叶汽蒸后压制成的一种茶饼。

醇爽（bright）：对红茶风味的一种描述；通常以口感微涩、风味清新为特征。

鲜爽（brisk）：品茶术语，用来描述口感鲜活和微涩的感觉。常用于描述红茶，特别是锡兰红茶的风味。

咖啡因（caffeine）：一种天然兴奋剂。茶树的幼嫩芽叶中所含的咖啡因能保护芽叶，避免昆虫蚕食。

茶树（camellia sinensis）：一种常绿灌木，其叶芽可以用来制茶。茶树有两个变种：中国小叶种和阿萨姆大叶种。

儿茶素（catechins）：茶叶中的一种多酚，也是一种强大的抗氧化剂，有助于稳定自由基（因环境污染而产生的受损细胞）。

日本茶道（Chanoyu）：一种优雅正式的日本茶礼，包括用于冲饮抹茶的一整套动作、流程和器具。

茶筅（chasen）：以一段竹子为原料制成的一个小搅拌器，一端切分成精细竹丝，用于击拂抹茶。

茶碗（chawan）：日本茶道表演中用于制作抹茶的一种结实的陶瓷碗。

栽培种（cultivars）：与某种特定风味和生长习性的茶树杂交而成的培育品种。

汤剂（decoction）：草本植物用沸水煎熬而成的汤汁。

萌芽（flush）：茶树萌发新芽。在采摘期，茶树会萌发数次新芽。

盖碗（gaiwan）：一种带盖并配杯托的中国碗，通常是陶瓷或玻璃材质。用于品尝少量的茶汤。

分级（grade）：在斯里兰卡、肯尼亚和印度等国使用的仅以茶外形划分茶叶质量等级的方法。

茶汤（infusion）：茶叶用热水（有时也用冷水）冲泡后的茶水。

杀青（kill green）：制作绿茶时蒸青或炒青的过程，目的是阻止叶片发生氧化。

L-茶氨酸（L-theanine）：茶叶中特有的一种氨基酸，可使人舒缓压力、放松身心。

茶汤（liquor）：茶叶用热水冲泡并过滤后的液体。

口感（mouthfeel）：用以描述饮茶的感觉，如柔、涩、滑。

香气（nose）：茶汤的香味。

传统制茶法（orthodox）：一种茶叶生产方法，旨在尽可能使茶叶保持完整。

氧化（oxidation）：茶叶中的酶在一定温度下和氧气发生反应，从而全部（或部分）发生化学分解的过程。

炒青（pan-fired）：制作绿茶时将茶鲜叶放入锅内翻炒干燥的过程，也称"杀青"。

白毫（pekoe）：茶树新芽上的绒毛，也是英国茶叶分级体系中的一个术语，表明茶叶的等级优良。

多酚（polyphenols）：有助于排毒的抗氧化剂。茶叶中的多酚含量约是水果或蔬菜的8倍。

普洱（Pu'er）：产自中国云南的一种黑茶。普洱茶存放越久，含有的益生菌越多。市面上有普洱散茶，也有茶饼。

花草茶（tisane）：用植物的叶、根、籽、果、花或皮等制作而成的饮品。

风土条件（terroir）：茶树生长的特定自然条件。

鲜味（umami）：日语中用以描述新鲜爽口的一个术语，很多日本蒸青绿茶都具有这种风味。

挥发油（volatile oils）：茶叶中的芳香油，暴露在高温和空气中会挥发出来。

宜兴（Yixing）：中国江苏省一个地名（译者注：县级市），当地有一种深紫色黏土被用于手工制作上不上釉的茶壶，这种壶被称为宜兴紫砂壶。

作者简介

　　琳达·盖拉德（Linda Gaylard），加拿大茶艺师，毕业于多伦多的乔治·布朗学院烹饪艺术专业，主修茶艺师方向，并获得加拿大茶叶协会认证的茶艺师资格。2009年，她辞去了颇具影响力的服装造型师一职，创办了一个茶艺网站 The Tea Stylist，并以此成名。此外，琳达还为国际茶叶刊物撰写文章，活跃在电视访谈节目和生活视频博客上，并参与主持各种品茗活动。

　　为了学习更多的茶叶知识，琳达游览了世界各地，其中包括中国和韩国。所到之处，她走访茶园，走近茶农，品尝优质茶叶。此外，琳达还经常出席世界各地的茶叶展览会，包括世界茶叶博览会，并在会上做报告。

致谢

　　本书作者在此感谢朋友和家人（尤其是安格斯、马尔克姆和罗杰）的鼓励，以及业内同人慷慨无私的支持。在这个行业内，大家都愿意分享知识，并对每个人取得的成就表示祝贺。感谢 DK 出版社的项目编辑凯西·伍利，是她带领我们完成了这本书的出版。

　　DK 出版社在此特别感谢中国工夫茶网站 Chinalifetea.com 的 Don Mei 和 Celine Thiry，日本茶道协会的 Peter Cavaciuti、Michi Warren 和 Teiko Sugie，韩国茶艺协会的 Jeunghyun Choi。

此外还要感谢：
摄影：William Reavell
家政学家：Jane Lawrie
道具设计：Isabel de Cordova
校对：Claire Cross
索引：Vanessa Bird
编辑助理：Bob Bridle
设计助理：Laura Buscemi
制图助理：Simon Mumford

本书图例说明
　　本书第 74 ~ 127 页上的茶叶图标代表著名茶叶产地，绿色阴影图标代表风土条件相近区域内的某个茶叶产区。

图片出处说明
出版商在此感谢以下人士允许本书使用他们的图片：
（说明：a-上；b-下；c-中；l-左；r-右；t-上）

14(b) Linda Gaylard, **66**(tc) Linda Gaylard, **91**(tr) Christopher Pillitz © Dorling Kindersley, **117**(br) Barnabas Kindersley © Dorling Kindersley, **126-127**(bc) Linda Gaylard, **134**(cl) Mark Winwood © Dorling Kindersley, Courtesy of RHS Wisley.

其他图片 © Dorling Kindersley.